BETRIEBSWISSENSCHAFTLICHE
FORSCHUNGEN DES WIRTSCHAFTSVERKEHRS
HERAUSGEGEBEN VON
PROF. DR. K. OBERPARLEITER UND PROF. DR. FINDEISEN
HEFT 20

STILLSTANDSKOSTEN IN INDUSTRIEBETRIEBEN

VON

DR. JOSEF A. T. KLETTER

Springer-Verlag Berlin Heidelberg GmbH 1937

ISBN 978-3-662-31332-9 ISBN 978-3-662-31537-8 (eBook)
DOI 10.1007/978-3-662-31537-8

Inhaltsverzeichnis

I. Einleitung

Die Kostentheorie hat ihr Erkenntnisobjekt unter verschiedenen Gesichtspunkten untersucht. Die bedeutendsten sind:

1. Die Unterscheidung der Kosten nach ihrer materiellen Verursachung (das soll heißen in Werkstoffkosten, Lohnkosten usw.).

2. Ihre Einteilung nach der Zurechenbarkeit (z. B. in direkte und indirekte Kosten).

3. Ihre Unterscheidung nach ihrem Verhalten zum Beschäftigungsgrad.

Wenn wir den Begriff „Stillstandskosten" daraufhin ansehen, unter welchem dieser Gesichtspunkte er eine Unterscheidung von Kosten zum Ausdruck bringt, so ist es offenbar der des Verhaltens zum Beschäftigungsgrade, denn er sagt aus, daß selbst bei Stillstand Kosten entstehen. Die wirtschaftlichen Erscheinungen und Verhältnisse, welche die Ursachen von Stillstandskosten darstellen, sind inner- und außerbetrieblicher Natur. Sie sind einerseits die Auswirkungen betrieblicher Eigenschaften, bedingt durch die Kostenstruktur der Industriebetriebe, und andererseits die Folgen zwischenbetrieblicher und gesamtwirtschaftlicher Vorgänge, die sich in der Einzelwirtschaft auswirken.

Da Stillstandskosten nur unter besonderen Umständen wirtschaftlich gerechtfertigt erscheinen, in vielen Fällen jedoch nur die Folge von Fehlern und abstellbaren Unzulänglichkeiten sind, mußte unsere Arbeit notwendigerweise auch zu einer kritischen Untersuchung der Berechtigung ihres Auftretens werden, und schließlich auch über Erkenntnisse ihrer Ermittlungsmöglichkeiten hinaus zu Schlüssen gelangen, wie nicht von der Einzelwirtschaft sondern von der Gesellschaft her dieser Vergeudung gesteuert werden könnte.

Es ergab sich daraus folgender Aufbau unserer Ausführungen: Außer dem Kernstück unserer Arbeit, welches die Ermittlungsmöglichkeiten der Stillstandskosten und deren Schwierigkeiten, sowie ihre preispolitische Bedeutung zum Gegenstand hat, wurde die Behandlung der betrieblichen Bedingtheiten der Stillstandskosten notwendig, und die Erklärung ihres Auftretens aus der organisatorischen Unzulänglichkeit der liberalistischen Wirtschaftsordnung.

Diese Darlegungen mußten, um das Wesen der Stillstandskosten zu vermitteln, ihrer eigentlichen Untersuchung teils vorausgeschickt werden, teils bilden sie den Abschluß der von uns gewonnenen Erkenntnisse.

Unsere Ausführungen werden, da häufig entgegengesetzte Entwicklungsrichtungen des Beschäftigungsgrades zu untersuchen sind, Unterscheidungskraft der Termini erfordern. Da nun gerade auf dem Kostengebiete oft gleiche Ausdrücke bei verschiedenen Betriebswirtschaftern verschiedenes bedeuten, wir aber leider mit den Ausdrücken bloß eines einzigen von ihnen nicht unser Auslangen finden, sind wir genötigt festzulegen, in wessen Sinn wir unsere Ausdrücke verstanden wissen wollen.

Diesen Abschnitt unserer Arbeit müssen wir an die Spitze des Folgenden stellen, um vom Anfang an begriffliche Klarheit zu besitzen.

II. Die Terminologie unserer Arbeit

Bei der Wahl unserer Ausdrücke wollen wir uns auf die möglichst weniger Autoren beschränken, für welche wir bei Wahrung ihres Zusammenhanges eine bereits vorhandene Gemeinverständlichkeit annehmen dürfen. Wir wollen uns soweit als möglich an Schmalenbach halten und nur in wenigen Ausnahmsfällen, die durch die Erfordernisse unserer Arbeit bedingt sind, von anderen Betriebswirtschaftern Wörter entlehnen, deren Begriffsinhalte wir mit Schmalenbachs Wortschatz nicht auszudrücken vermögen.

Nach Schmalenbach verstehen wir unter Kosten, „die in der Kostenrechnung anzusetzenden Werte der für Leistungen verzehrten Güter“[1]). Diese Definition ist noch eingeengt durch die Feststellung, daß nur der normale für den Leistungseinheitswert bestimmende Güterverzehr berücksichtigt werden darf, doch konnten wir daraus keine Beschränkung auf die Kosten der Normalbeschäftigung entnehmen.

Der Kostenwert resultiert aus zwei Faktoren: den Kostenmengen und den für sie jeweils geltenden Kostenpreisen. Diese klare begriffliche Trennung finden wir bei Fritz Schmidt[2]). Die Dringlichkeit einer solchen Unterscheidung für die Zwecke einer genauen Selbstkostenrechnung betont besonders St. Lorentz[3]), weil die mengenmäßigen Kostenveränderungen sich

---

1) Schmalenbach, Selbstkostenrechnung und Preispolitik, Leipzig 1934, S. 113.

2) F. Schmidt, Kalkulation und Preispolitik, S. 22, 92.

3) St. Lorentz, Grundlagen der Kostengestaltung, Spaeth & Linde, Berlin— Wien 1932, S. 21 ff.

mit den preislichen sowohl über- als auch unterkompensieren, oder gerade ausgleichen können.

Nach Schmalenbach unterscheiden wir zwischen Kosten und Aufwand, wobei Aufwand derjenige Güterverzehr ist, der in der Erfolgsrechnung zur Verrechnung gelangt. Derjenige Güterverzehr, der in der Selbstkostenrechnung einer wirtschaftlichen Leistung gegenübergestellt wird, heißt Kosten[4]).

Weiters unterscheiden wir nach Schmalenbach zwischen Aufwänden die keine Kosten sind und solchen, die auch zugleich Kosten sind. Ersteren Aufwand, welcher nur in der Erfolgsrechnung Berücksichtigung findet, nennt er „Neutralen Aufwand". Andererseits unterscheidet er zwischen Kosten, welche zugleich Aufwand sind und solchen, welche das nicht sind. Letztere heißen nach Schmalenbach „Zusatzkosten". Sie dürfen nur in der Selbstkostenrechnung aufscheinen.

Im Sinne Schmalenbachs verwenden wir die Ausdrücke „Gesamtkosten" für alle innerhalb einer Zeiteinheit im Betriebe entstehenden Kosten und „Einheitskosten" für die auf die Leistungseinheit bei den verschiedenen Beschäftigungsgraden jeweils entfallende Gesamtkostenquote.

Die nun folgende Unterscheidung der Kosten erfolgt unter dem Gesichtspunkt ihrer Abhängigkeit vom Beschäftigungsgrade. Dabei sind nach Schmalenbach als „proportional" jene Kosten anzusehen, welche sich im annähernd gleichen Verhältnis mit dem Beschäftigungsgrade verändern[5]). Für die Leistungseinheit bleiben sie konstant.

„Fixe Kosten sind solche, auf welche der Beschäftigungsgrad ohne Einfluß ist."[6]) Bezogen auf die Leistungseinheit ist die Fixkostenquote variabel.

Von der Verwendung der Ausdrücke degressive, bezw. progressive Kosten, für solche Gesamtkosten einer Kostenart oder auch des ganzen Betriebes, welche in schwächerem, bezw. stärkerem Verhältnis als dem proportionalen das Steigen des Beschäftigungsgrades mitmachen, wollten wir ursprünglich abgehen und sie durch die Bezeichnung unterproportionale Kosten ersetzen. Dies deshalb, weil wir der Kritik Hellauers folgend einsahen, daß eine tatsächliche Degression nur bei den Einheitskosten auftritt und es theoretisch unrichtig ist, die Bezeichnung ihres Verhaltens zum Beschäftigungsgrade auch auf die Gesamtkosten zu übertragen, vor allem aber weil wir hofften, dadurch, daß die Bezeichnung unterproportionale Kosten sowohl für steigende als auch für fallende Beschäftigung Geltung behält, größere Klarheit und Einfachheit des Ausdruckes zu gewinnen. Im Verlauf der Arbeit zeigte es sich

---

4) Schmalenbach, a. a. O., S. 114.
5) Schmalenbach, a. a. O., S. 30.
6) Schmalenbach, a. a. O., S. 31.

aber, daß gerade dieses Geltungbehalten der Verhaltensbezeichnung für die Untersuchung steigender und fallender Beschäftigungsgrade einen Mangel darstellt, der nur dadurch behoben werden könnte, daß man neben dem Gesamtkostenverhalten noch das der Einheitskosten, oder die Beschäftigungsentwicklung angibt, während die Ausdrücke Degression und Progression durch ihre allgemein bekannte Bindung an den steigenden Beschäftigungsgrad die nötige Eindeutigkeit und Anschaulichkeit an und für sich besitzen.

Damit glauben wir genug an Begrifflichem vorausgeschickt zu haben und wollen, wenn es im Zweifelsfalle nötig werden sollte, im jeweiligen Zusammenhang den Begriffsinhalt unserer Termini erklären.

I. Teil

Die inner- und außerbetrieblichen Bedingtheiten der Stillstandskosten

I. Die Wahl der Betriebsorganisation

Das Leben jeder Unternehmung besteht in einem ständig wiederholten Einsatz von Arbeit und Kapital zur Erfüllung des Unternehmungszweckes.

In den Unternehmungen oder abgeleiteten Wirtschaftsbetrieben liegt der Wirtschaftszweck nicht mehr in der unmittelbaren Befriedigung von Konsumbedürfnissen der Betriebsangehörigen, sondern in der Erwirtschaftung von Gewinn, bezw. Gehältern und Löhnen. Diese ermöglichen in der arbeitsteiligen Geldwirtschaft die Befriedigung letzter Konsumbedürfnisse durch mittelbare Leistungen.

Die Betriebsleistung der Industriebetriebe besteht vorwiegend in der Hervorbringung oder Herstellung von Sachgütern. Zu diesem Zwecke muß der Betrieb Aufwendungen machen, wobei seine Anstrengungen darauf gerichtet sind, zumindest eine Deckung der Kosten durch den Ertrag zu erzielen. Das Kosten-Ertragsproblem ist das Kernproblem jeder Einzelwirtschaft[7]). Bei den Industriebetrieben gewinnt wegen ihrer starren Kostenstruktur das Kosten- und Ertragsdenken besonders an Wichtigkeit.

Nun ist es eine bekannte Tatsache, daß das Kostendenken für Industriebetriebe von Theorie und Praxis am frühesten und stärksten entwickelt worden ist. Wie kommt es nun, daß in vielen Industriebetrieben das Kosten-Ertragsdenken doch unzulänglich war oder sein mußte.

---

[7]) Vgl. Mellerowicz, Kosten und Kostenrechnung, I., S. III, und Oberparleiter, Funktionen und Risikenl. d. W., S. 9.

Um diesbezüglich Einsicht und Klarheit zu gewinnen, erscheint es uns notwendig, auf die Kostenstruktur der Industriebetriebe, ihre Kapitalverhältnisse und ihre spezifischen Risiken näher einzugehen. Wir haben oben bereits ausgeführt, daß das Wirtschaftsziel der Unternehmungen durch ihr Ertragsstreben gekennzeichnet ist. Dieses Ertragsstreben sucht deshalb seine Befriedigung in der Unternehmung und der ihr eigentümlichen Unternehmungs- und Betriebsleistung, weil durch die Uebernahme einer besonderen Leistung und der ihr immanenten Risiken der Ertrag des Kapitals um ihren Funktionswert gesteigert werden kann. Diese Möglichkeiten erkennt der Unternehmer. Ein Unternehmer-Mensch überläßt sein Spar- oder sonstiges Kapital keiner Bank gegen den landesüblichen Zinsertrag, um diese mit mehr oder weniger Geschick Unternehmer spielen zu lassen, sondern er schafft sich eine eigene Unternehmung. Er ist der geistige Gestalter, Träger und Lenker von Unternehmung und Betrieb. Nach Nicklisch ist er jener psycho-physische Faktor, der dem Rationalprinzip folgend, . . . „jenen Spürsinn für den Markt und den Wagemut hat, Arbeit und Vermögen zu riskieren, um das zu verwirklichen, was er für wirtschaftlich hält“[8]).

Die Risiken, welche der Industrie-Unternehmer mit seiner Leistung übernimmt, sind vielfältiger Art. Soweit sie vorwiegend in den Beschaffungs- und Absatzmarktverhältnissen allein begründet sind, wollen wir sie nicht näher betrachten, sondern nur soweit, als sie im Zusammenhang mit jenem spezifischen Risiko des Industriebetriebes stehen, welches sich aus dessen Funktionsleistung und seiner Kostenstruktur ergibt.

Da es durch die Starrheit der fixen Kosten bedingt ist, wollen wir es ein Fixkostenrisiko nennen.

Der Unternehmer ist sich seiner Risiken bei der Vorbereitung, Gründung und Ausgestaltung von Unternehmung und Betrieb mehr oder weniger bewußt. Aus diesem Risikobewußtsein heraus bemüht er sich, den Möglichkeitsbereich des Eintrittes von Risikoereignissen auf jenes Ausmaß einzuschränken, welches der spezifischen Unternehmungs-, bezw. Betriebsleistung immanent ist, und daher nicht ausgeschaltet werden kann[9]).

Dazu gehört, daß vor jeder Gründungshandlung und dem dabei notwendigen Eingehen von Kapital- und damit Kostenbindungen, jene Wirtschaftsverhältnisse genau geprüft werden, in welche man die Unternehmung hineinzustellen gedenkt. Auf Grund der dabei gewonnenen Ergebnisse ist dann zu über-

---

[8]) Vgl. Oberparleiter, Risiko und Unternehmung, S. 3, in „Bilanzen der Unternehmungen“.

[9]) Vgl. Hellauer, Kalkulation, S. 79.

legen, wie Arbeit und Kapital organisiert werden müssen, um einen optimalen Erfolg zu erzielen, oder ob die Aussicht auf einen Erfolg überhaupt zu gering erscheint.

Wo der Unternehmer unter Berücksichtigung seiner voraussichtlichen Vollkosten (diese umfassen auch die landesübliche Verzinsung des Eigenkapitals) und des Risikodeckungsgewinnes, noch Unternehmerlohn und Gewinn erwarten darf, wird er sich zur Unternehmungsgründung entschließen.

Die vorbereitenden Pläne werden verwirklicht und das liquide Kapital mit seinen vielfältigen Verwendungsmöglichkeiten wird einem bestimmten Unternehmungszweck zugeführt. Dies geschieht, wie schon erwähnt, wegen der Möglichkeit der Ertragssteigerung, die bei Übernahme der speziellen Leistung und ihres höheren Risikos den Verzicht auf die frühere Dispositionsfähigkeit des Kapitals abgilt.

Bereits in diesem Zeitpunkte wird das Stillstandskostenrisiko eingegangen, das durch eine Fehlentscheidung von Betriebsgröße- und Nachfragevolumen schlagend werden kann.

Bei der Betriebsgründung ist daher abzuwägen, welche Betriebsgröße im Hinblick auf die Wirtschaftsentwicklung und die Möglichkeiten eines interperiodischen Erfolgsausgleiches, unter Zugrundelegung der Kapitalskraft der Unternehmung, auf die Dauer den Besterfolg verspricht.

Diese Überlegung erfordert ein verschiedenes Maß an Voraussicht, je nachdem der Einsatz von Arbeit und Kapital für kürzere oder längere Zeiträume erfolgt.

Für den Industriebetrieb, in welchem die Mehrertragsmöglichkeit der Produktionsumwege weitestgehend angestrebt worden ist, besteht die Notwendigkeit, das Kapital auf lange Dauer zu investieren. Wenngleich dies mit dem Streben nach optimaler Betriebsgröße unter Berücksichtigung aller dynamischen Faktoren geschieht, kommt der Betrieb aus folgenden Gründen doch immer wieder von seiner optimalen Organisation ab.

Will man ein organisches Ganzes schaffen, in welchem alle Aggregate nach Leistungskapazität, Kostendegression usw. bestmöglich aufeinander abgestimmt sind, wächst das Risiko einer Fehlgestaltung hinsichtlich der Betriebsgröße. Wählt man dagegen den Weg, schrittweise auf den eigenen Erfahrungen aufzubauen, und erstellt daher die Organisation erst nach und nach, dann wird der Betrieb zu einem historisch entwickelten Gebilde, dem die erstrebte Einheitlichkeit mehr oder weniger fehlt.

Gleichgültig, welchen der beiden Wege man wählt, bleibt doch, wenn auch im zweiten Falle in geringerem Maße, die Tatsache bestehen, daß verhältnismäßig wenigen aber großen Aufwänden für die Leistungsbereitschaft, eine weit größere

Anzahl von Erträgen zur Deckung gegenüberstehen, die aber weit in die Zukunft fallen.

Wenn der Betrieb dann wirklich beginnt, sich in die Wirtschaft einzugliedern, sieht der Unternehmer erst, wie weit sich die Wirklichkeit mit den Vorausberechnungen deckt.

Sehen wir uns die verschiedenen Möglichkeiten des Eingliederungsergebnisses an:

1. Man kann zu vorsichtig gewesen sein: Der Betrieb kann bald den Bedarf nicht mehr befriedigen und es wird eine Vergrößerung notwendig. Die zweite Kapazität wird dann höchstwahrscheinlich nicht dieselbe optimale Kostenstruktur aufweisen, wie eine solche gleicher Größe aus einem Guß.

2. Die Kapazität kann gerade die optimale sein: Die Tatsachen bestätigen voll die Richtigkeit der Vorausberechnungen. Aber wie lange behalten sie ihre Geltung? Bis zur nächsten wesentlichen Veränderung der Wirtschaftsstruktur — vielleicht nicht einmal bis zum Ende des Konjunkturzyklus, wenn sich erweist, daß er nach Dauer oder Stärke die zu einem interperiodischen Erfolgsausgleich notwendigen Kapitalskräfte übersteigt.

Die Wirtschaft ist nicht stationär, ihre Veränderungen sind keine rein zyklischen Schwankungen, sondern zu einem Teil wirkliche Veränderungen, welche keine rückläufige Tendenz in sich tragen (Strukturveränderungen, Trend).

Dementsprechend ist der Begriff der optimalen Betriebsorganisation und -größe kein statischer, sondern ein dynamischer und bloß einer der Bestimmungsfaktoren des optimalen Ertragsverhältnisses.

Da die Unternehmung von diesem, durch die Veränderung der anderen Faktoren: Wirtschaftslage, d. h. Nachfrage und Preishöhe, sowie Kostenpreise, immer wieder abkommt, muß der dynamische Begriffsinhalt der optimalen Organisation und Größe in der Erhaltung des besten Ertragsverhältnisses liegen, welches der Betrieb durch eine entsprechende Anpassung seiner Organisation immer wieder anzustreben hat.

Dabei begegnen wir zum erstenmale, trotz angenommen völliger Richtigkeit der Gründungsmaßnahmen, einer Diskrepanz zwischen der außerbetrieblichen Wirtschaftsforderung und der innerbetrieblichen Möglichkeit ihrer Erfüllung. Sie ist selbst in einer organisierten Volkswirtschaft nicht zu verhindern, weil die wirtschaftliche Voraussicht im Zeitpunkt der Leistungsvorkehrung sich nie über das Leistungserstellungsgesamt und seinen Werterücklauf erstrecken kann. Die außerbetrieblichen Umwälzungen können in Zeiträumen erfolgen, welche nur einen Bruchteil jener Zeit ausmachen, die der Betrieb benötigen würde, um sich den veränderten Verhältnissen in organischem Wachstum anzupassen. Das heißt durch die von selbst sich ergebende Liquidation der Anlagen über den Betrieb.

Die Industriekostenstruktur macht durch ihre Anlagenintensität eine langfristige Kapitalbindung erforderlich und die sich daraus ergebenden fixen Kosten besitzen eine Starrheit, welche eine verlustlose Anpassung des Betriebes an neue Wirtschaftslagen selten gestattet.

In der Regel bestimmt die Kostenstruktur des Industriebetriebes seine Preispolitik so stark, daß die relativ größte Wirtschaftlichkeit in weiten Grenzen eher bei Betrieb erzielt werden kann als bei Stillstand. Es werden daher sehr starke außerbetriebliche Einflüsse sein müssen, welche den Industriebetrieb zur Stillegung zwingen. Wir sind uns dabei der bedeutenden Unterschiede bewußt, die sich aus der Stellung des Betriebes im Markte, aus einer mehr oder weniger starken Monopolstellung irgendwelcher Art, oder der Möglichkeit, die Preise zu differenzieren, ergeben, doch wollen wir vorläufig von ihrer Berücksichtigung absehen.

Es bleibt als dritte Möglichkeit der Kapazitätswahl noch jener Fall zu erwähnen, wo die Kapazität vom Anfang an zu groß gewählt wurde.

Die Folgen können sein: eine Verringerung des erhofften Gewinnes, sein völliges Ausbleiben, teilweiser Verlust der Selbstkosten bis zur Höhe der Stillstandskosten oder ein Liquidationsverlust jedes Ausmaßes.

Die Folgen einer Fehldimensionierung können durch die im zweiten Falle angeführten Auswirkungen der Wirtschaftsveränderungen noch verstärkt werden. Das war so bei der Krise vom Jahre 1930, wie umgekehrt der günstige Aufschwung der industriellen Entwicklungszeit der vergangenen Jahrhunderte viele Fehler dieser Art im nachhinein gutgemacht hat. Fehldimensionierungen als Verursachungsmöglichkeit von Stillständen werden es im Zusammenhange unserer Untersuchungen notwendig machen, zum Stillstandskostenproblem auch vom Standpunkt der optimalen Betriebsgröße kritisch Stellung zu nehmen. Denn das Ausmaß vernünftigerweise zu tragender Stillstandskosten wird von der optimalen Betriebsgröße bestimmt sein.

Die Betriebspolitik schafft also Unternehmung und Betrieb. Je richtiger ihre Entscheidungen waren, desto länger wird sich der Betrieb in den von ihr vorgezeichneten Bahnen bewegen können und desto seltener wird sie ihn durch neue Maßnahmen der Wirtschaftslage wieder anpassen müssen. Eine gute Betriebspolitik will also mit möglichst wenigen Entscheidungen und Veränderungen auf längste Zeit das nötige getan haben und sich dann darauf beschränken können, das Funktionieren ihres Werkes zu beobachten, im übrigen aber der

Preispolitik das optimale Wirtschaften mit der Organisation überlassen. Erst wenn die Preispolitik zu Maßnahmen greifen muß, die dem Betriebszweck nicht wesensgemäß sind, vor allem also, wenn auf die Dauer und durchschnittlich eine volle Kostendeckung nicht erreicht werden kann, dann ist es offenbar, daß die letzten Vorkehrungen der Betriebspolitik veraltet sind und neue getroffen werden müssen. So wird die Entscheidung über Betrieb oder Stillstand in manchen Fällen eine jener Fragen sein, die nur von dieser letzten Instanz, der Betriebspolitik des Unternehmers, geprüft und entschieden werden kann.

II. Die Kostenstruktur der Industriebetriebe

Zum Verständnis des Stillstandskostenproblems halten wir eine auf dieses Problem eingestellte Betrachtung der industriellen Kostenstruktur für notwendig. Der Einfachheit halber wollen wir sie an Hand eines für die Entwicklung der industriellen Rationalisierung repräsentativen Werkes anstellen. Es ist dies v. Gottl-Ottlilienfelds „Wirtschaft und Technik“[10]).

Liest man dieses Buch und denkt man dabei an die wirkliche Wirtschaftsentwicklung, dann fällt einem auf, daß sich die Praxis aus den von Gottl-Ottlilienfeld aufgestellten Prinzipien des betriebsmäßigen, arbeitsteiligen, mechanisierten, massenhaften, beschleunigten und harmonischen Vollzuges herausgepflückt hat was ihr gefiel, ohne das nötige wirtschaftstheoretische Rückgrat zu besitzen, welches von einseitigen Übertreibungen abgehalten hätte. Auf Gottls „Prinzipien“ wollen wir nur so weit eingehen, als sie uns für die typische Einstellung der Industriewirtschaft bis in die jüngste Zeit für charakteristisch erscheinen.

Nach der Formulierung der Voraussetzungen der modernen industriellen Erzeugungsweise in den Prinzipien des betriebsmäßigen und des arbeitsteiligen Vollzuges, gelangt von Gottl zu folgenden typischen Erkenntnissen im Prinzip des massenhaften Vollzuges:

„a) Der Satz von der fallenden Quote:

Je mehr der Betrieb an Umfang zunimmt, desto kleiner ist die Quote, die auf das einzelne Produkt von jenem Aufwand entfällt, der ein für allemale zu bestreiten ist.“ . . .

„Der Betrieb ist gesättigt, sobald alle Hilfsmittel und Arbeitskräfte, die ihm wirksam eingegliedert sind, voll beansprucht und permanent verwendet erscheinen. Dabei ist

---

[10]) v. Gottl-Ottlilienfeld, Wirtschaft und Technik, II., Tübingen 1923, S. 91 ff.

übrigens vorauszusetzen, daß alle Elemente des Betriebes richtig „proportionalisiert“ seien, das will sagen, in ihrer Leistungsfähigkeit genau aufeinander abgestimmt. Sonst könnte bei den einen die Grenze ihrer Leistungsfähigkeit schon erreicht sein und mithin ließe sich der Umfang der Produktion nicht mehr steigern, obwohl die anderen erst teilweise beansprucht oder erst zeitweise verwendet würden.“ . . .

„b) Der Satz von der auftauchenden Möglichkeit der besseren Anordnung:

Je mehr die Produktion an Umfang zunimmt, je häufiger also innerhalb des Betriebes der Vollzug jenes typischen Produktionsvorganges wiederkommt, der jedesmal das einzelne Produkt ergibt, desto mehr Gelegenheit bietet sich dar, diese wiederkehrenden Vorgänge so zu einander zu ordnen, daß man damit den Verlauf der Produktion vernünftiger gestaltet. Steigender Umfang der Produktion kann also im Hinblick auf die häufige Wiederkehr des Gleichen, immer umschlagen in rationellere Form des Betriebes, steigende Ertragswucht.“

„c) Der Satz von der steigenden Wichtigkeit des Kleinen.

Je mehr der Betrieb an Umfang zunimmt, desto mehr Bedeutung gewinnt es, den Vorgang der Produktion bis ins Kleinste zu rationalisieren. Es steigt das Kleine an Wichtigkeit sobald der Umfang steigt, weil sich dann immer zahlreiche Wege eröffnen, von denen man auch die kleineren Möglichkeiten, den Betrieb zu rationalisieren, ausbeuten kann.“

Nicht allein in der Praxis, sondern auch in der Theorie haben lange Zeit hindurch vorwiegend die Probleme, welche aus diesen drei Sätzen sich ergeben, Beachtung gefunden. Die einmalige Entwicklung der Weltwirtschaft und der Bevölkerungsziffer jener Zeit, machte im nachhinein die meisten Fehler, die aus dem einseitigen kosten- und nur kostenmengenmäßigen Denken entstanden, weder gut, sodaß die liberalistische Wirtschaft schon vermeinte, an gesetzmäßige Zusammenhänge glauben zu dürfen.

Wie sehr diese Unterstellung gemacht wurde und wie sehr ganz einseitig kostenmengenmäßig, nicht kostenwert- und ertragsmäßig gedacht wurde, veranschaulicht auch Büchers Gesetz der Massenproduktion[11]):

„1. Das vollkommenere Produktionsverfahren zur Herstellung einzelner Exemplare angewandt ist teurer, als das unvollkommene; die Produktionskosten sinken aber mit der steigenden Zahl der Exemplare und werden erst dann niedriger als die Produktionskosten des unvollkommenen Verfahrens, wenn

11) Bücher, Das Gesetz der Massenproduktion, erschienen in der Zeitschrift für die gesamte Staatswissenschaft, Jahrgang 66.

die herzustellende Ware eine bestimmte Masse nicht mehr unterschreitet. Die Grenze, von der ab es vorteilhaft zu werden beginnt, heißt „Nutzschwelle" der Massenproduktion. Sie liegt umso höher, je größer der Anteil der konstanten Kosten an den Herstellungskosten ist."

Dieser Hinweis beschränkt die Gültigkeit des Gesetzes der Massenproduktion bloß durch die Höherverlegung ihrer Untergrenze, läßt aber die Kosten- und Verkaufspreise als erfolgbildende Komponente ganz außer acht.

„2. Von der Nutzschwelle ab vermindern sich die Produktionskosten weiter mit der Zunahme der Produktionsmasse.

3. Diese Kostenminderung vollzieht sich jedoch im allgemeinen langsamer als die Produktionsmasse steigt und vermindert sich umso mehr je größer die Masse wird. Schließlich ist eine Grenze erreicht, bei der eine weitere Steigerung der Masse keinen ökonomisch ins Gewicht fallenden Vorteil mehr bieten kann. Unmittelbar unter dieser Nutzschwelle liegt die Nutzhöhe der Massenproduktion."

Es spricht nichts in diesen Sätzen gegen unsere Annahme, daß Bücher mit der Erreichung der oberen Nutzschwelle und ihrer Nutzhöhe auch den maximalen Erfolg zu erreichen vermeinte.

Die industrielle Entwicklung durchschritt denselben Weg. Nach Erfindung der ersten Kraftmaschine ging man immer mehr zur betriebsmäßigen Erzeugung der verschiedensten Güter über. Diese Erzeugungsweise wurde nach der Erfindung von Arbeitsmaschinen mechanisiert und immer arbeitsteiliger gestaltet. Der in manchen Fällen schließlich atomisierte Arbeitsprozeß wurde dann wieder durch besondere Arbeitsweisen zusammengefaßt: Fließarbeit, Funktionsmeistersystem.

Zu dieser Phase der Entwicklung sagt v. Gottl im fünften Prinzip vom beschleunigten Vollzug:

„Von bestimmendem Einfluß auf den Grad der Rationalität des Betriebes ist auch das Tempo der Produktion. . . . Ein unmittelbares Interesse an der Zeitdauer — und nur darum handelt es sich bei der „Zeitökonomie" — erwacht erst dann, sobald mit der Zeitdauer des Handelns zugleich irgend ein Aufwand zunimmt."

Betriebswirtschaftlich ausgedrückt heißt das: das Bestehen fixer Kosten, die eine Funktion der Zeit sind, drängt zur Steigerung ihrer Ausnützung durch Tempobeschleunigung.

„a) Der Satz vom wachsenden Nutzen der Betriebsanlage:

Bei gleicher Jahresleistung hat ein Betrieb umso weniger an Anlagen nötig, je rascher das Tempo der Produktion bei ihm ist. Je bescheideneren Umfangs aber die erforderlichen

Anlagen, desto größer ihr Nutzen gegenüber der Produktion; im Bereiche der heutigen Wirtschaft wird dieser Nutzen in der geringeren „Amortisationslast“ fühlbar.“

Diese Erkenntnis ist für unsere Untersuchung von großer Wichtigkeit. Wir wollen festhalten, daß durch die Tempobeschleunigung nicht bloß eine günstigere Quotenverteilung der Fixkosten bei meist geringerem Anlagevermögen und Kapitalbedarf erreichbar wird, sondern daß auch der Erneuerungsprozeß des Betriebes beschleunigt wird und damit die Möglichkeit anwächst, den Betrieb in engeren Zeitabschnitten den Wirtschaftsveränderungen anzupassen.

Die Kostenprogressionen, welche aus dem wachsenden betrieblichen Verschleiß jener Anlageteile entstehen, die einer technischen Ermüdung unterliegen, werden erst unwirtschaftlich, wenn ihr das Normale übersteigender Wertverzehr größer ist als jener, der andernfalls durch den steigenden Wertverzehr der technischen Überholung und die relativ schlechtere Ausnützung des natürlichen Verschleißes unvermeidbar ist. Der Vorteil des Schnellbetriebes beruht auch noch auf einer besseren Ausnützung der Kapitalzinsen. Dieser Gedankengang führte v. Gottl zum „Satz von der abnehmenden Zinslast des Betriebes“.

Bei den Gehältern und Löhnen sind einer Ertragssteigerung soziale und wirtschaftliche Grenzen in der Leistungsfähigkeit der Arbeitnehmer gesetzt. An dieser darf aber in der Wirtschaft eines sozialen Staates nicht mehr jener Raubbau getrieben werden, zu dem es bei Ansehung der Arbeit als bloßer Ware oft hat kommen können.

Ein Interesse an der Tempobeschleunigung besteht im ungeregelten Konkurrenzkampf selbst bei Akkordarbeit, denn wenngleich bei dieser die Löhne selbst, zu proportionalen Kosten werden, ist die Anlagenausnützung doch von der Arbeitsgeschwindigkeit abhängig. Solange daher die Arbeitsgesetzgebung für einen bestimmten Wirtschaftszweig nicht einheitliche Arbeitsverhältnisse schafft, werden die kurzen Stillstandspausen des unsozialsten Betriebes auf das Selbstkostenniveau drücken. Denken wir z. B. an das soziale Dumping der japanischen Industrien.

„6. Das Prinzip des harmonischen Vollzuges.

Alle Prinzipien zielten ab auf Einzelheiten des Vollzuges der Produktion. Selbst bei den betriebsgestaltenden Prinzipien ist es entweder das Tempo, oder der Umfang, oder die Form der Produktion, je für sich allein, um dessen technisch vernünftige Gestaltung es sich handelt. Nun kommt schließlich der betriebsmäßige Vollzug als Ganzes in Frage, als der Zusammenhang aller seiner Einzelheiten. Dieses letzte Prinzip bindet alle Gebote der technischen Vernunft zu der einen Forderung harmonischen Vollzuges zusammen! Harmonisch vollzieht sich die Produktion, sobald Umfang, Form und Tempo der Produktion im rechten Einklang zueinander stehen. ... Nur so kommt es zur optimalen Gestaltung des Betriebes."

Wir glauben, mit Recht annehmen zu dürfen, daß v. Gottl auch in seinem letzten Prinzip an eine rein kostenmengenmäßige Bestgestaltung der Betriebsorganisation denkt, jedoch vom Wirtschaftsergebnis, welches doch auch von der Preisseite bestimmt wird, vollkommen abstrahiert. Auch die Ausführungen anderer Autoren sind nur bei der Annahme richtig, daß die Preisbewegung im Verhältnis zur Kostenbewegung eine relativ günstige sein wird. So schreibt z. B. Silbe, daß für die optimale Betriebsgröße das günstigste Wirkungsverhältnis aller Produktionsfaktoren bestimmend ist, wobei die proportionalen Faktoren solange wachsen müssen, bis sie nicht nur zu einem fixen Faktor, sondern zu allen, im optimalen Verhältnis stehen. Selbstverständlich sollten auch die fixen Kosten in das günstigste Verhältnis zueinander gebracht werden.

Erst die betriebswirtschaftliche Forschung der letzten Zeit hat die Probleme der optimalen Betriebsgröße und der Rationalisierung unter dem Gesichtspunkte des optimalen Unternehmungserfolges untersucht[12]. Diese neueren Erkenntnisse sind grundsätzlich folgende:

Schon der rein kostenmengenmäßigen Erfolgsverbesserung sind technische Grenzen gesetzt. Für die rein technische Grenze bringen wir ein Beispiel von Vogelstein. „Würde man einen Schmelzofen unendlich vergrößern, so würde die Klappe nicht groß genug gemacht werden können, um ihn zu beschicken. Der Luftzutritt wäre zu gering im Verhältnis zum Inhalt. Vergrößert man die Maße proportional, so würde der Rost zu klein, läßt man die Höhe gleich und macht ihn nur länger und breiter, so ergeben sich Schwierigkeiten mit dem Luftzug."[13]

Das Wachstum des Gesamtbetriebes hängt weiter auch mit der betriebsorganisatorischen Entwicklung zusammen, denn die Gesamtorganisation von Unternehmung und Betrieb ist eine technisch-wirtschaftliche. Ein zunehmender Produktionsumfang wird in der Regel einen größeren Verwaltungsapparat erforderlich machen. Die Größendegression hat ihre obere Grenze also auch auf verwaltungstechnischem Gebiet.

„Da bei ganz großen Betrieben die persönliche Überwachung ausgeschlossen ist, muß sie ein „Apparat" besorgen.

---

[12]) Vgl. Schmalenbach, a. a. O., Beste, Die optimale Betriebsgröße und Die Elastizität der Betriebsführung, 8. Sonderheft der Z. f. B.

[13]) Vogelstein, zitiert von Beste, a. a. O., S. 26.

Solange dieser aber nicht mehr kostet als er nützt, also noch wirtschaftlich ist, darf man nicht von Bürokratie sprechen, denn anstelle der Personen- und Sachkenntnis eines Betriebsleiters (für Zuspätkommen von Arbeitern oder Abhandenkommen von Werkzeugen) kommt beim Großbetrieb, da das bloße Sichmerken ausgeschlossen ist, nur mehr das genaue schriftliche Festhalten in Frage."[14]) Aus dieser Darlegung geht hervor, daß auch der verwaltungstechnische Apparat eine obere Wirtschaftlichkeitsgrenze hat.

Theoretisch, bei Unterstellung nur so vieler Betriebe technisch optimaler Größe als notwendig sind um die Gesamtnachfrage eines bestimmten Marktes zu decken, könnte die Obergrenze so hoch liegen, daß ein einziger Betrieb den ganzen Markt versorgt.

Die historische Entwicklung der meisten Wirtschaftszweige hat jedoch die Voraussetzung hiefür nicht gegeben und die nachträgliche Schaffung solcher Verhältnisse ist selten wirtschaftlich. Überdies fragt es sich, wie lange sie in einer vollkommen freien Wirtschaft erhalten werden könnten. Die Zerstörung einer ausgeglichenen Wirtschaftslage erfolgt ja manchmal auf Grund einer wirklichen Erfolgsaussicht, als vielmehr aus übergroßem Wagemut.

Aber auch wenn wir annehmen, daß einmal der gesetzliche Rahmen der Wettbewerbsverhältnisse der wirtschaftlich beste sei, wird noch immer genug Dynamik im Wirtschaftsgeschehen liegen, daß Voraussicht und Anpassungsvermögen gegenüber den Wirtschaftsveränderungen zurückbleiben. Die Regelung der Wettbewerbsverhältnisse wird ja, manche besondere Wirtschaftszweige ausgenommen, nie über eine gewisse Bindung hinausgehen können, soll sie nicht zur Unterbindung des Leistungswettbewerbes führen.

Zusammenfassend können wir sagen, daß selbst in einer organisierten Wirtschaft die Wirtschaftsveränderungen nie so sehr eingeengt werden könnten (da die Freiheit der Einzelwirtschaft groß genug sein muß), daß es zu einer vollkommenen Verstetigung der Wirtschaft kommen kann. In jedem Wirtschaftssystem kann der geglückte Eingliederungsversuch eines Betriebes im Laufe der Zeit durch Umgliederungen der Wirtschaft wieder zunichte gemacht werden und trotz seines Bestrebens mit der Entwicklung Schritt zu halten, werden manchmal weniger auf Grund einer wirklichen Erfolgsaussicht, als vielmehr aus übergroßem Wagemut.

Während wir bisher die Kostenstruktur der Industriebetriebe charakterisiert haben, um aus ihr heraus die Tendenzen

---

[14]) Schmalenbach, a. a. O., S. 68ff.

verstehen zu können, nach welchen in den Industrien der Erfolg angestrebt wird, wollen wir im folgenden Abschnitt aufzeigen, welches besondere Risiko sich aus dieser Kosteneigenart der Industriebetriebe ergibt.

III. Das industrielle Fixkosten-Risiko

„Die Grundfunktion der Finanzierung steht am Anfang jeder betrieblichen Tätigkeit.“[15])

Aus liquidem Kapital wird gebundenes; es verliert seinen Nominalwert und wird fortan durch seinen Ertragswert, bezw. wenn dieser schwindet durch den Vermögensliquidationswert bestimmt.

Wir haben bereits ausgeführt, daß die starke Dynamik der heutigen Wirtschaft es unmöglich macht, bei der Planung und Finanzierung neuer Unternehmungen die Bestorganisation mit Sicherheit vorauszusehen. Kommt es aus diesem Grunde sofort nach der Gründung, oder im späteren Verlauf des Betriebslebens zu Fehlentsprechungen zwischen Betrieb und Wirtschaft, dann kann ein Risiko schlagend werden, welches für den Industriebetrieb als fixkostenintensivem Betrieb charakteristisch ist.

Es ist dies das Risiko des Leistungszwanges, welcher durch das Ausmaß und die Starrheit der fixen Kosten bedingt wird.

Fixkosten sind eine Funktion der Zeit. Ihre rationellste Auswertung finden sie bei Voll- und Schnellbetrieb. Bei Nichtbetrieb sind sie Verlust, d. h. kostenrechnerisch neutraler Aufwand, Kosten jedoch nur insoweit, als sie für die optimale Betriebsgröße notwendig, und für einen interperiodischen Kalkulationsausgleich geeignet erscheinen.

Das Gesetz des Mehrertrages der Produktionsumwege hätte die Industriebetriebe auch dann bereits zu anlagenintensiven Betrieben gemacht, wenn man die rein kostenmengenmäßige Gültigkeit des Gesetzes richtig erkannt und dem Prinzip der Ertragswirtschaftlichkeit untergeordnet hätte. Hier sei jedoch nur festgehalten, daß auch der optimal organisierte Industriebetrieb anlagenintensiv sein muß. Diese Anlagenintensität erfordert notwendigerweise auch eine entsprechende Kapitalintensität. Für unsere Untersuchung ist nun nicht allein das Ausmaß der Kapitalbindung, sondern auch ihre Festigkeit von Bedeutung, denn nur diese erklärt die relative Wirtschaftlichkeit von Stillstandskosten. Festigkeit sei hier selbstverständlich verstanden in dem Sinne, der sich aus dem Maßstab des wirtschaftlichen Erfolges ergibt.

---

[15]) Mellerowicz, a. a. O., S. 44.

Fest ist die Bindung des Kapitals im Anlagevermögen — selbst wenn wir von der, die durch die Betriebsbereitschaft verursacht wird, absehen wollen, — aus folgenden Gründen:

Anlagegüter sind Gebrauchsgüter mittelbarer Nützlichkeit, welche überdies erst durch die Einordnung in die Gesamtorganisation eines Betriebes ihren vollen Betriebswert gewinnen. Besteht auf dem Produktionsmittelmarkte für sie keine Nachfrage, dann sinken ihre Liquidationswerte sehr tief unter die Gebrauchswerte im normal beschäftigten Betrieb. Die Liquidierbarkeit des Anlagekapitals ist selbstverständlich eine umso geringere, je mehr Industriebetriebe durch die schlechte Wirtschaftslage zum Abbau gezwungen werden. Für einen Verkauf der gesamten Anlagen ist eine solche Situation die denkbar ungünstigste und die Zerschlagung der Anlagen zum Zwecke eines leichteren Abverkaufes macht aus einem organischen Ganzen und seinem Betriebswert einen Haufen niedriger Sachwerte. Die immateriellen Werte gehen ja bei einer Gesamtveräußerung schon zum Teil, bei der Zerschlagung des Betriebes aber ganz verloren.

Für die Liquidierbarkeit wird neben der technischen Eigenart der Anlage vor allem der Standort des Betriebes von Bedeutung sein. Soweit er roh- oder kraftstoffbedingt ist, kann dies zur Agglomeration verwandter Betriebe in geeigneten Gebieten führen. Ist nun die Liquidationsnotwendigkeit eine vereinzelte Erscheinung, dann können noch die Konkurrenten als Käufer in Frage kommen. Ist dagegen ein ganzes Gebiet verkaufsbereit, so entsteht daraus ein Preisdruck bis nahezu auf den Altmaterialwert der Anlagen.

Etwas besser liegen die Verhältnisse bei jenen Industriebetrieben, die ein großes Marktgebiet oder einen Verkehrsknotenpunkt als Standort wählen konnten. Bei ihnen sind die Verkaufsverhältnisse wenigstens für jenen Teil des Anlagevermögens, welcher auch anderen Verwendungszwecken zugeführt werden kann, günstiger (z. B. Gebäude, Werksgeleise, Kraftanlagen). Aber auch sie können ihre Spezialanlagen (vor allem Arbeitsmaschinen), die überdies noch Spezialkenntnisse erfordern mögen, kaum ohne erhebliche Verluste veräußern, wenn der Verkaufsgrund darin liegt, daß infolge schlechter Wirtschaftslage der Versuch eines Verkaufes gemacht wird, um dem Stillstand und seinen Verlusten zu entgehen.

Die feste Kapitalbindung, welche den Angelpunkt des Stillstandskostenproblems bildet, ist zum Teil durch den Wertzusammenhang der Anlagenwerte begründet und dadurch, daß auch bei schlechter Wirtschaftslage infolge der daraus sich ergebenden ungünstigeren Liquidationsverhältnisse, die Anlagenkosten in weiten Grenzen ihre beste Deckung im Betriebe finden lassen.

Das Sinken der Liquidierbarkeit ist die Erklärung dafür, daß eine Kapitalabwanderung auch dann nicht so ohne weiters sich vollziehen kann, wenn ein Betrieb oder gar ein ganzer Produktionszweig Stillstandsverluste erleidet und unrentabel geworden ist. Die Anpassung des Kapitaleinsatzes an die Rentabilitätsverhältnisse der verschiedenen Produktionszweige, bezw. Betriebe wird vielmehr ruckweise vor sich gehen: Neugründung und Betriebserweiterung einerseits, Abbauliquidation und Volliquidation andererseits. Diese ruckhafte Veränderung wird durch die Übersteigerung des Konjunkturverlaufes noch verstärkt; d. h. noch über jenes Maß gesteigert, welches durch die Festigkeit der Kapitalbindung begründet ist[16]).

Während nun das Kapital an die Anlagen gebunden bleibt, schreiten deren Kosten in der Form von Abschreibungen, Kapitalzins, Versicherungsprämien usw. fort. Die Abschreibungen allerdings nicht in jener Höhe, welche der Gesamtwertminderung bei Betrieb entspricht. Bei manchen Anlagegütern wird bei Stillstand die Gesamtwertminderung sinken, bei anderen wird sie dadurch nicht nur nicht verringert, sondern sogar erhöht.

Das industrielle Fixkostenrisiko besteht also in der Möglichkeit des Fortlaufens gewisser fixer Kosten auch in Zeiten, in welchen weder der Beschäftigungsgrad noch die erzielbaren Preise einen freiwilligen Einsatz rechtfertigen würden. Kostencharakter tragen daraus resultierende Verluste nur soweit, als sie für eine optimale Betriebsgröße entstehen und durch einen Erfolgs- und Kalkulationsausgleich gedeckt werden können, indem aus den Übergewinnen guter Zeiten Reserven gelegt werden, die in Notzeiten zur Überbrückung verfügbar sind.

II. Teil

Stillstände und ihre Kosten

I. Allgemeines

Im ersten Teile unserer Arbeit haben wir aufgezeigt, daß Stillstandskosten auftreten, sobald es zu Fehlentsprechungen zwischen der Betriebsgröße und dem Nachfragevolumen kommt. Wir haben dargelegt, daß diese Fehlentsprechungen nicht immer die Folge ausgesprochener Eingliederungsfehler sind, sondern bei der ständigen Weiterentwicklung der Wirtschaft auch dadurch entstehen können, daß die hiefür notwendige Anpassungsfähigkeit, in Industriebetrieben nicht erreicht werden kann.

---

[16]) Vgl. F. Schmidt, Die betriebswirtschaftliche Konjunkturlehre, Spaeth & Linde, Berlin—Wien 1933.

Wir haben schließlich erkannt, daß Stillstandskosten nicht bloß aus der starren Kostenstruktur der Industriebetriebe bei Erhaltung der Betriebsbereitschaft zu erklären sind, sondern bei Aufgabe derselben durch die Festigkeit der Kapitalbindung, welche die Liquidierbarkeit der Anlagen sehr vermindert und dadurch auch den Kostenabbau unmöglich macht. Für den Betriebswirt ist die bloße Kenntnis des Bestehens solcher unabbaubarer Kosten ein Risikobewußtsein. Dieses wird ihn veranlassen, schon bei der Gründung der Unternehmung und später, wenn die Wirtschaftsentwicklung die Risikogefahr akut werden läßt, zum Zwecke der Vorbeugung Markt- und Kostenanalysen vorzunehmen. Diese können das Risiko zwar nicht beseitigen, doch wird es durch die schärfere Einstellung auf dasselbe in vielen Fällen möglich sein, wirksame Gegenmaßnahmen zu treffen, oder zumindest soweit klar zu sehen, daß unnötige Schadensvergrößerungen durch eigene Handlungen vermieden werden können.

Für die systematische Rechnung normaler Beschäftigungsgrade wäre eine Untersuchung von Stillstandskosten zwecklos. Es wird dies immer die Aufgabe einer fallweisen Rechnung sein, und zwar deshalb, weil die Anhaltspunkte, die man früher hatte ermitteln können, im Zeitpunkt der Rechnung wieder veraltet sein können und man die Kostenzahlen nicht für sich allein, sondern immer nur in Gegenüberstellung zu bestimmten Preisen verwendet. Man wird also in jenen Beschäftigungszonen, welche der Stillstandsgrenze vorgelagert sind, zwar Material zu sammeln suchen, doch wird dies nur für erfaßbare Kostenmengen von Wert sein. Die Rechnung, welche über Weiterbetrieb oder Stillegung entscheidet, wird immer erst im letzten Zeitpunkt aufgemacht werden. Da einige ihrer Faktoren nichterrechenbare Größen sind, werden sie durch die Intuition des Betriebsführers bestimmt werden müssen. Dieser braucht dazu alle erreichbaren Ziffern und Eindrücke der Gegenwart, wenn er schon jener der Zukunft, die ihm lieber wären, nicht habhaft werden kann. Immerhin wird der geschulte Wirtschafter nicht deshalb, weil er für einige Größen der Stillegungskalkulation seiner Erfahrung und seinem Weitblick vertrauen muß, auch auf die anderen rechenhaften verzichten.

Einigermaßen rechenhaft sind die innerbetrieblichen Kostenfaktoren. Sehr auf seine Erfahrung und Intuition wird sich der Betriebswirt bei den außerbetrieblichen Faktoren des Absatzes, der Preise und deren Geltungsdauer verlassen müssen.

Um das Wesentliche zu erfassen, wollen wir den Stoff des Stillstandskostenproblems in folgender Gliederung behandeln:

1. In einem betriebspolitischen Abschnitt befassen wir uns mit jenen Momenten, welche für Weiterbetrieb, vorübergehende und endgültige Stillegung bestimmend sind.

2. In einem preispolitischen Abschnitt wollen wir uns, nachdem die Aufrechterhaltung eines bestimmten Maßes der Betriebsorganisation als wirtschaftlich angenommen worden ist, mit den verschiedenen Problemen der Preisuntergrenze auseinandersetzen.

3. Schließlich wollen wir versuchen, das Wesentliche der Ermittlungsmethoden von Stillstandskosten darzulegen.

II. Der Stillstand als Problem der Betriebspolitik

1. Das Ziel der Betriebspolitik.

Wie wir schon im Abschnitt über die Wahl der Betriebsorganisation ausführten, ist es ein Ziel der Betriebspolitik, mit ihren Maßnahmen den Betrieb nach Organisation und Größe für eine möglichst lange Zeit den Anforderungen seiner Wirtschaftsumwelt entsprechend zu gestalten. Wenn wir dabei den Begriffsinhalt von Betriebspolitik zu dem von Preispolitik in einen solchen Unterschied setzen, daß diese für eine gegebene und beibehaltene Betriebsorganisation die Summe aller preislichen Maßnahmen vorstellt, welche darauf abzielen, einen optimalen Erfolg zu erreichen, — so ist folgerichtig jene, die Summe aller inner- und außerbetrieblichen Maßnahmen, welche durch Anpassung und teilweise oder aber sogar gänzliche Liquidierung des Betriebes, entweder einen optimalen Erfolg von neuem sichern oder eine maximale Kapitalerhaltung ermöglichen sollen, wenn der Betrieb durch eine immer stärker werdende Fehlentsprechung zur Wirtschaftsumwelt, trotz richtiger Preispolitik immer schlechtere Erfolge erzielt.

Gegen eine solche Anpassung nach unten, gegen Umbau oder Abbau wehren sich gewöhnlich der Betriebsführer und der tote und lebendige Apparat des Betriebes. Das ist einesteils gut, denn dieses Verhalten hat zur Folge, daß der Kampf um den Fortbestand nicht so schnell aufgegeben wird. Andererseits liegt in diesem Beharrungsvermögen die Gefahr, den Kampf um ein Ziel in einer Zeit noch weiterzuführen, in welcher bereits ein anderes Ziel das wirtschaftlich richtigere wäre.

Vom einzelwirtschaftlichen Standpunkt wird das Ziel bestimmt durch einen gewissen Mindesterfolg, der auf die Dauer erreicht werden muß. Dieser Mindesterfolg wird außer dem Normalzins für das Eigenkapital auch noch einen Unternehmerlohn und je nach den Risiken der Unternehmung einen entsprechend hohen Gewinn umfassen müssen, sonst werden sich gesamtwirtschaftlich und für lange Zeiträume gesehen die Unternehmer von der betreffenden Leistungserstellung zurückziehen.

Wurde einmal durch den Einsatz von Arbeit und Kapital mit der Erstellung der Betriebsorganisation das Unternehmungsrisiko eingegangen, so entscheidet über den Fortbestand von Unternehmung und Betrieb die Aussicht auf diesen Erfolg nur in beschränktem Maße, denn der Unternehmer muß sich so lange auch mit einem schlechteren Erfolg zufrieden geben, als neu zum Vergleich stehende Betriebsmaßnahmen bei Belastung mit den Umstellungs- oder Liquidationskosten keinen besseren Erfolg zeitigen.

Einen gewichtigen Grund für die Beibehaltung des Bestehenden bildet das große Unsicherheitsmoment der vergleichenden Erfolgsvorausberechnung und in manchen Fällen, in welchen die Umstellungs- oder Liquidationsverluste zu einem großen Teil von der Volkswirtschaft getragen werden müssen (Arbeitnehmer) der Vorrang gemeinwirtschaftlicher Interessen vor privatwirtschaftlichen. Die Berücksichtigung jener aus eigenem Antrieb, kann unseres Erachtens allerdings nur in gewissen Grenzen die offensichtliche Pflicht des Einzelwirtschafters sein, bis zum vollen Ausmaß des wirtschaftlich Gebotenen besteht sie vielmehr nur in der Beobachtung dessen, was eine fähige Wirtschaftsführung als rechtlich ansieht.

Diese beiden Momente, das der Sicherheit und jenes des gemeinwirtschaftlichen Interesses, machen es notwendig, in der Vergleichsrechnung einen Sicherheitskoeffizienten zu Gunsten der bestehenden Verhältnisse zu verwenden. Anderseits muß der Betriebsführer genug hellsehend sein, um die Starrköpfigkeit und den Eigennutz persönlich Interessierter aus seinem Vergleich ausscheiden zu können. In der Praxis wird es sich dabei häufig als sehr wertvoll erweisen, die Hilfe eines theoretisch und anderwärts praktisch geschulten Betriebsfremden, eines Wirtschaftsberaters in Anspruch zu nehmen, welcher zwar kein so feines Gefühl für den Gang des Betriebes haben wird wie sein ständiger Führer, dafür aber einen unvoreingenommenen Blick, der von Gewohnheitsbindung frei, manches vom richtigeren Standpunkt sehen wird. Ueberdies ist er als Betriebsfremder in der Lage, sich Betriebsangehörigen gegenüber nur von rein sachlichen Erwägungen leiten zu lassen.

2. Die Wirtschaftsveränderungen.

Wir haben an anderer Stelle schon gesagt, daß der im Verhältnis zur Kostendegression und -starrheit stärker werdende Leistungszwang der Industriebetriebe diese auch unter ungünstigen Produktionsverhältnissen den relativ besten Erfolg bei Betrieb finden läßt.

Die Grenze hiefür wird bei einem sehr tiefen Preise liegen — sie ist selbstverständlich auch vom Beschäftigungsgrad abhängig — einem Preise also, der nur durch äußerst starke Wirtschaftsschwankungen oder -veränderungen so sehr gedrückt werden kann.

Auf diese Wirtschaftsveränderungen wollen wir zur Vollständigkeit unserer Ausführungen kurz eingehen.

Wir unterscheiden nach Schmalenbach[17]) bei den Außeneinflüssen des Betriebes: Schwankungen und Veränderungen.

Schwankungen haben die Tendenz, zu ihrem Ausgangspunkte zurückzukehren. Diese Eigenschaft zeigen vornehmlich die saisonalen Schwankungen und mit geringerer Gesetzmäßigkeit die Konjunkturschwankungen.

Veränderungen besitzen diese Tendenz, sich in einem Zyklus wieder zu schließen, nicht. Sie sind eine Fortentwicklung, für welche Regelmäßigkeiten sich weit weniger finden lassen als für Konjunkturschwankungen. Da es die Wirtschaftsstruktur ist, welche die Wirtschaftsveränderungen umgestalten, spricht man von ihrem Ergebnis als von Strukturveränderungen. Dadurch, daß eine Rückkehr zu alten Verhältnissen bei ihnen — wenn sie auch theoretisch möglich ist — praktisch doch kaum in den Bereich der Möglichkeit gezogen werden darf, sind sie für die von ihnen betroffenen Betriebe von größter Bedeutung.

So wie sie einen Betrieb, der in seiner Entwicklung seiner Zeit voraus war, erst die wirtschaftliche Basis zu vollster Entfaltung geben können, vermögen sie einem andern, der am Zeitende seiner wirtschaftlichen Existenzberechtigung noch technische Lebenskraft besitzt, die wirtschaftliche Grundlage zu entziehen.

Dies heißt es rechtzeitig erkennen. Die Schwierigkeiten des rechtzeitigen Erfassens solches wirtschaftlichen Geschehens sind manchmal groß, denn in der Wirtschaft sind keine Veränderungen als solche bestimmter Art gekennzeichnet. Man spürt ihre Auswirkungen, kennt vielleicht die eine oder die andere unmittelbare Ursache, doch vermengen sich saisonale und Konjunkturschwankungen mit Struktur- und Modeveränderungen zu einem schwer unterscheidbaren Ganzen dessen bestimmender Trend oft nicht zu erkennen ist.

Von den Modeeinflüssen ist zu sagen, daß auch sie für Industriebetriebe Bedeutung erlangen können; denken wir

---

[17]) Schmalenbach, Dynamische Bilanz, Leipzig 1933, S. 274.

beispielsweise an die Absatzverhältnisse in der Auto- und in der Radioindustrie. In vielen Fällen sind Modeveränderungen zugleich auch saisonal bedingt.

Betrachten wir diese wirtschaftlichen Einflüsse im Hinblick auf ihre Auswirkung auf Industriebetriebe, so erscheint uns folgende Unterscheidung wesentlich:

Bei erkannter Strukturveränderung ist eine Preis- und Absatzschrumpfung, welche den Betrieb, wenn auch nur um weniges unter seine Erfolgsuntergrenze bringt, die unbedingte Veranlassung zu einer Betriebsumstellung oder Auflösung, weil ihre Andauer praktisch als unendlich angenommen werden kann, es wäre denn, daß eine neuerliche Strukturveränderung die Folgen der ersten wieder aufhebt.

Bei erkannter Konjunkturschwankung dagegen wird man auch bei einem viel stärkeren Preissturz und Absatzschwund optimal durchzuhalten suchen, weil ja die Hoffnung besteht, daß in der aufsteigenden Konjunktur die Verluste der Depression wieder eingebracht werden können. Selbstverständlich darf auch bei Konjunkturschwankungen nicht außer Acht gelassen werden, daß der Erfolg während einer bestimmten Verlustzeit das Ergebnis aus ihrer Dauer und aus der Größe der einzelnen Periodenverluste ist, sodaß besonders große Verluste in verhältnismäßig kurzen Krisenzeiten die Kapitalskraft der Unternehmung empfindlich zu schwächen vermögen oder sie übersteigen. Die Erwägung, nach welcher bei Konjunkturschwankungen die vergleichende Vorrechnung aufgestellt wird, drückt Clark[18]) mit folgendem Vergleich aus: „. . . the question how much expense it is worth while to incur in tiding over a shutdown depends entirely on how long the winter of discontent is likely to be and how warm a summer may be expected afterward.“ Hätte Clark gesagt „how long and severe“ dann wäre außer der Dauer auch die Verluststärke zum Ausdruck gekommen.

Tritt nun eine Wirtschaftsveränderung ein, so wird der Betriebswirt vor allem Klarheit darüber zu gewinnen suchen, ob es sich um eine Schwankung oder eine Strukturveränderung handelt.

Erkennt man eine Strukturveränderung, wird man den Grad ihrer Auswirkung zu ermitteln, bezw. vorauszuschätzen versuchen.

Werden in Zukunft durch die Preise nicht Vollkosten, Kapitalzins, Unternehmerlohn und Risikodeckungsgewinn gedeckt, dann wird zu untersuchen sein, ob nicht durch An-

---

[18]) Clark, Studies in the Economics of Overhead Costs, Chicago 1929, S. 54.

passung des Betriebes, z. B. durch Abbau einiger Aggregate, auf die Dauer eine bessere Kapitalerhaltung und Rentabilität gesichert werden kann.

In manchen Fällen mag dies verhältnismäßig einfach sein, in anderen wieder unlösbar schwierig. Einfach beispielsweise dann, wenn es sich um den klar erkennbaren Ausfall eines bestimmten Marktgebietes handelt und man die überflüssig gewordene Kapazität technisch und wirtschaftlich abzubauen imstande ist. Rechnungstechnisch wird man die Abschreibungen der betreffenden Aggregate nicht mehr reservieren, gleichgültig ob man sie in den Preisen unterbringen kann oder nicht.

Schwierig ist die Entscheidung dann, wenn mehrere Alternativen in Betracht zu ziehen sind und die Vorkalkulation für sie nicht genügend genau aufgemacht werden kann. So z. B. wenn folgende drei Möglichkeiten nebeneinander bestehen: 1. Umstellung auf eine andere Erzeugung, 2. Kapazitätsabbau und 3. Schaffung eines Kartells.

Die größte Rechenhaftigkeit und damit Sicherheit scheint von den angeführten Möglichkeiten in den meisten Fällen die dritte zu besitzen. Tatsächlich ist ja auch häufig in der freien Wirtschaft der freiwillige Zusammenschluß der zuletzt beschrittene Ausweg. Dies mag zum Teil seinen Grund darin haben, daß man sich von der Marktbeherrschung für spätere Zeiten besonders viel erhofft, vorerst wird es aber vor allem die größere Sicherheit gegenüber anderen Maßnahmen sein, wegen welcher man dem Zusammenschluß den Vorzug gibt.

Schmalenbach äußert sich zu diesem Problem der Betriebspolitik folgendermaßen[19]: „In Branchen mit starker Degression ist der Konkurrenzkampf sehr verschärft und daher die Neigung zur Kartellierung verstärkt.“ Er entwickelt dann den in seiner Wiener Rede zum erstenmale geäußerten Gedankengang, daß die fixen Kosten zu einer Zerstörung der freien Wirtschaft führen müßten.

Für unsere Arbeit sind in seinen Darlegungen vor allem folgende zwei Sätze von Bedeutung: „Jedenfalls, ob man an ein Fortbestehen der freien Wirtschaft glaubt oder nicht, sollte man die Kartelle und Konzentrationen in die wirtschaftlichste Form bringen und könnte innerhalb dieser die freie Konkurrenz, sich organisatorisch richtig eingebaut, noch immer auswirken lassen.“ Und: „Die Betriebsdegression führt neben anderen Gründen auch zur Preisdifferenzierung.“

Besonders zum ersten Satze halten wir einige Erläuterungen für notwendig. Wir werden auf beide Fragen an späterer Stelle noch zurückkommen.

---

[19]) Schmalenbach, Selbstkostenrechnung und Preispolitik, S. 91 ff.

3. Die Kosteneigenschaft von Stillstandsverlusten.

Aus der Erkenntnis, daß ein optimaler Erfolg sich weder allein durch die Erzielung hoher Preise noch durch die bloße Erzwingung der Vollbeschäftigung um jeden Preis erzielen läßt, haben sowohl Schmalenbach als auch Schmidt den Kostenverzicht unter den schon beschriebenen Umständen als notwendig bezeichnet. Die beiden trennt dabei nur Schmalenbachs Unterscheidung des Gesamtaufwandes der Erfolgsrechnung, in Kosten und neutralen Aufwand für die Selbstkostenrechnung, je nachdem, ob der Aufwand für betriebszweckgemäße Leistungen eingesetzt wird, wodurch er in der Selbstkostenrechnung als Kosten zu berücksichtigen ist — oder, ob diese Zweckentsprechung des Aufwandeinsatzes nicht gegeben ist, wodurch der Aufwand zu neutralem Aufwand wird und in der Selbstkostenrechnung nicht zu erfassen ist.

Schmidt bestreitet die Berechtigung einer solchen Scheidung, indem er — vorwiegend an Ausgaben für mehr oder weniger private Zwecke des Unternehmers denkend (Titelkauf, Betriebsspesen des Privatautos u. dgl.) — verlangt, daß solche Ausgaben entweder, wenn sie für den Betrieb notwendig sind, als Kosten erfaßt werden müssen, oder aber, wenn dies nicht der Fall ist, dem Privatkonto anzulasten sind.

Bei jenen Beispielen, welche Schmidt seiner Polemik zugrunde legt, besitzt seine Auffassung unzweifelhaft volle Geltung. Wir schließen uns seiner Forderung in dem Umfange an, als er sie berechtigterweise damit begründet, daß das Konto „Neutraler Aufwand“ Bilanzverschleierungen ermöglicht, indem es Ausgaben übernimmt, die auf das Privatkonto gehören.

Anders liegt jedoch die Sachlage in allen jenen Fällen, in welchen der zu erfassende Aufwand keineswegs als Privataufwand bezeichnet werden kann, wie z. B. bei Maschinenschäden oder Stillständen, — und als nicht-betriebszweckgemäßer Aufwand auch nicht in die Selbstkostenrechnung gehört. Schmidt[20]) sagt hierzu: „In diesem Falle wird wahrscheinlich weder die Buchhaltung noch die Kostenrechnung durch Reservestellung Vorsorge getroffen haben. Sie hätten es aber beide tun müssen, und der Kostenplan des Ausschusses für wirtschaftliche Fertigung sieht das auch für die Kosten ausdrücklich unter dem Begriff Wagnis vor. Dem Risiko entsprechend hätte jede Vorperiode schon einen Anteil dieses plötzlichen Aufwandes tragen sollen.“

Mit diesen Ausführungen gibt Schmidt selbst zu, daß Aufwände, welche aus schlagend werdenden Betriebs- und Unternehmungsrisiken entstehen, wegen ihrer geringen Vor-

---

20) F. Schmidt, Kalkulation und Preispolitik, S. 65.

aus-Rechenbarkeit, als neutraler Aufwand erfaßt werden müssen, soweit sie nicht durch verfügbare Reserven sofort abgedeckt werden können. Solche neutrale Aufwände werden, je nachdem ihre Art und Größe es richtig erscheinen lassen, über mehrere Perioden verteilt, oder allein der Entstehungsperiode angelastet werden. Die Verteilung wird in Form der Aktivierung des Aufwandes geschehen, von welchem Betrag dann die Periodenquoten abgeschrieben werden.

Bei Betriebsstillstand kann zweifellos neutraler Aufwand auftreten. Wird es nämlich offenbar, daß die Betriebskapazität — sei es durch Überdimensionierung bei ihrer Schaffung, oder durch spätere Fehlentsprechung zu einer umgegliederten Wirtschaft — zum Teil dem Betriebszwecke nicht mehr gemäß ist, dann ist der durch diesen Teil verursachte unorganische Aufwand keinesfalls zu den Kosten zu zählen. Dies müßte entweder zu einer unrichtigen Preispolitik führen, oder aber in dieser stets korrigiert werden.

Da nun Schmidt ebenso wie Schmalenbach der Meinung ist, daß die Preiskalkulation nicht bloß von den Selbstkosten her, sondern auch vom Markte bestimmt ist und, daß der Betrieb dem Prinzip der Vollbeschäftigung auf die Dauer nur wird folgen können, wenn er sich der Wirtschaft ständig anpaßt, scheint es uns, daß er nicht grundsätzlich, sondern nur im oben dargelegten Sinne den neutralen Aufwand ablehnt.

Jedes Weiterschleppen überholter Einrichtungen kann, sobald diese nie mehr wieder dem Betriebszweck zugeführt werden können, nur zu Hemmungen und Fehlbeeinflussungen einer optimalseinsollenden Betriebs- und Preispolitik führen. Ganz eindeutig ist die Sachlage für alle Fälle endgültiger Stilllegung. Endgültig stillgelegte Anlagen können für den Betrieb nicht mehr Anlagevermögen sein, sondern nur mehr Vermögenssachwerte. Dabei ist zu bedenken, daß das in diese Anlagen früher investierte Kapital zum größten Teil verloren sein wird. In der Erfolgsrechnung ist es daher, soweit es noch buchmäßig vorhanden ist, durch eine Sonderabschreibung bis auf den Restwert zu tilgen. Würde diese Sonderabschreibung nun nicht als neutraler Aufwand sondern als Kosten angesehen werden, wäre das nur eine unnötige Hemmung der Preispolitik, die diese wieder eliminieren müßte. Nach Schmalenbach ist daher diese Sonderabschreibung für die Selbstkostenrechnung, welche ja keine Kontinuität braucht, nicht mehr vorhanden. „Dieses nicht mehr vorhandene Sachkapital erfordert in der Kalkulation hinfort weder Abschreibung noch Zins.

In der Erfolgsrechnung kann es hinsichtlich der Zinsen anders sein. Sind zinsbare Kapitalien für die Anlagen aufgenommen und noch nicht zurückgezahlt, so rufen diese Kapitalien auch bei abgeschriebener Anlage einen Zinsaufwand hervor, dieser ist aber neutraler die Selbstkosten nicht berührender Aufwand. Ist im Falle der endgültigen Stillegung eine Verwertung der destruierten Anlage möglich, so gilt das Gesagte nur zum Teil. Für die Kalkulation bleibt es bestehen, die entfallenden Abschreibungen und Zinsen berühren sie nicht. Die verkäuflichen Gegenstände der alten Anlagen sind keine Anlagen mehr und gehen die Kosten der Erzeugung nichts mehr an. Für die Erfolgsrechnung dagegen gelten die Bilanzierungsgrundsätze für verkäufliche Gegenstände. Bei Stillegung einer Anlage gehen auch für die Erfolgsrechnung regelmäßig Werte, die nicht verkäuflich sind, unter."[21])

Einem solchen Wertuntergang unterliegen bei zeitweiligen Stillständen auch jene Anlagen, deren Abschreibungen zu den Kosten zählen. Vorerst wollen wir uns jedoch noch nicht mit dem Problem einer Aufspaltung der Gesamtwertminderung in ihre Komponenten befassen, sondern den Kostenbereich der Abschreibung bei Stillstand abgrenzen.

Während die Abschreibung bei endgültiger Stillegung, sei es des ganzen Betriebes oder bloß einiger Aggregate, neutraler Aufwand ist, welche Tatsache davon ganz unberührt bleibt ob man einen Teil oder den ganzen neutralen Aufwand in der Verkaufskalkulation unterbringen kann, sind teilweise und gänzliche Stillstände, soweit sie bloß zeitweilig und betriebsbedingt sind, kostenverursachend. „Die Anlagenwerte werden durch vorübergehende Stillegung nicht ihres Charakters als Anlagenwerte beraubt. Man kann sie bilanzmäßig weiterführen Theoretisch ist der Höchstwert der Wert, den man ihnen am Tage der voraussichtlichen Inbetriebsetzung voraussichtlich zubilligen kann, vermindert um alle Kosten der Unterhaltung und den transitorischen Zinsen bis dahin, sowie den Wiederingangbringungskosten. Praktisch ist ein solcher Wert natürlich schwer zu schätzen.

In der laufenden Kalkulation scheidet der Wert aus (wir halten es an dieser Stelle für nötig festzuhalten, daß nach unserer Ansicht Schmalenbach damit nur die Selbstkostenrechnung, nicht aber die Verkaufskalkulation meinen kann, weil diese sich selbstverständlich an den optimalen Marktpreis heranfühlen wird).

Die Unterhaltungskosten und Zinsen sind bis zur Inbetriebsetzung neutraler Aufwand. Ist das stillgelegte Werk planmäßige Konjunkturreserve, so finden die Stilliegekosten ihren Gegenwert in den Überpreisen bei der Hochkonjunktur. Ist das stillgelegte Werk Sicherheitsreserve, so sind die Still-

---

[21]) Schmalenbach, a. a. O., S. 91 ff.

liegekosten kalkulatorisch wie andere laufende Kosten zu behandeln."

Schmalenbach steht mit dieser Anschauung nicht vereinzelt da. Die gleiche Meinung bringt auch die folgende Darlegung Oberparleiters zum Ausdruck: „Ebenso unrichtig wie die kalkulatorische Vernachlässigung der Abschreibung von den für den Betrieb erforderlichen Anlagen wäre andererseits der Versuch, in den Selbstkosten die Abschreibung von den stilliegenden, etwa wegen einer über das Optimum der Beschäftigungsmöglichkeit hinausgehenden Überdimensionierung des Betriebes unbeschäftigten Anlagen, unterbringen zu wollen, da selbst unter durchaus normalen Wirtschaftsverhältnissen die Kosten für Fehldispositionen als ein für alle Male verloren gelten müssen."[22])

Diese Unterscheidung ist äußerst wichtig. Jedes durch eine Fehldisposition begründete Vorhandensein einer Überkapazität oder die Erhaltung einer solchen aus spekulativen Erwägungen, erfordert die Ausscheidung ihrer Aufwände aus den Kosten, wobei wir daran erinnern, daß der Betriebswirt bei den meisten Industrieerzeugnissen seine Verkaufskalkulation ja nicht allein auf seine Selbstkostenrechnung aufbaut, sondern eher von den Marktpreisen und den für sie erzielbaren Umsätzen kommend, die jeweils optimale Selbstkostenzone sucht.

Diese Kalkulationsweise wird dadurch bedingt, daß Industrieprodukte in der Regel nicht frei kalkulierbar sind.

Zusammenfassend können wir sagen: „Kosten sind allein jene Wertverzehre, welche aus Stillständen von Anlagen resultieren, die als betriebliche Sicherheitsreserve erhalten werden müssen."

Wir haben diese ausführliche Behandlung der Kosteneigenschaft von Stillstandsaufwänden deshalb für notwendig gehalten, weil in den Ermittlungsformeln, welche Schulz[23]) und Mellerowicz für die Preisuntergrenze geben, mit einem Fixkostenfaktor operiert wird, der offensichtlich von der Gesamtkapazität abgeleitet ist. Wir sind im Gegensatz dazu der Meinung, daß dadurch diese Formel um einen bedeutenden Fehlfaktor vermehrt wird — und, daß unter Stillstandsverhältnissen, wenn die Betriebsstruktur es gestattet, nur mehr mit den unabbaubaren Fixkosten der optimalen Betriebsgröße gerechnet werden darf.

---

[22]) Oberparleiter, Selbstkostenrechnung, Preispolitik und Rationalisierung, Österreichische Steuer- und Wirtschaftszeitung 1928, S. 339.

[23]) C. Schulz, Das Problem der Preisuntergrenze, Berlin 1928, S. 16 ff.

4. Der Stillegungsentscheid.

Dem Betrieb als Leistungsorganisation ist auch als Tätigkeit der Betrieb wesensgemäß. Stillstände sind für ihn sinnwidrig. Die Stillstandsgrenzen sind nur zum Teil technische, darüber hinausgehend aber wirtschaftliche. Die technischen Stilliegezeiten werden bei der Schaffung der Organisation bereits wirtschaftlich berücksichtigt. Die von außerbetrieblichen Einflüssen verursachten Stillstände überraschen jedoch den Betrieb, denn hätte man sie sicher erwartet, wäre er anders organisiert worden oder seine Schaffung wäre überhaupt unterblieben.

Gegen erkennbar werdende wirtschaftliche Fehlentsprechungen gibt es vorerst andere Hilfsmittel als den Stillstand. Dieser ist wirtschaftlich meist so ungünstig, daß er erst nach dem Fehlschlagen der anderen Möglichkeiten an die Reihe kommt.

Um jedoch den Erfolg bei Stillständen, mit den Erfolgen anderer Maßnahmen vergleichen zu können, wird es notwendig seine Kosten und Erfolgsaussichten zu kennen oder wenigstens eine möglichst zutreffende Vorstellung von ihnen zu haben.

Bevor wir uns den zeitweiligen Stillständen und ihren Kosten zuwenden, gehen wir daher kurz die wesentlichsten Möglichkeiten ihrer Vermeidung durch.

1. Eine Ausweitung der Gewinnspanne von der Kostenseite her kann durch Rationalisierung ohne Produktionsausweitung erfolgen. Bei schlechter Wirtschaftslage würde eine Produktionsausweitung wahrscheinlich eine weitere Verschlechterung des Verhältnisses von Umsatz zu Gewinnspanne zur Folge haben.

Auf diese Vergleichsrechnung kommen wir später nochmals zurück.

2. Unterstellen wir eine technisch optimale Leistung, wäre noch immer eine zu geringe wirtschaftliche Leistung denkbar. Wir denken dabei nicht an die Arbeit des einzelnen Angestellten, sondern an den Funktionsbereich der Unternehmung. Industriebetriebe sind infolge ihrer Kostendegression Betriebe mit Leistungszwang. Ihre Erzeugnisse sind in der Regel in praktisch unbeschränkter Menge erzeugbar. Da Industrieerzeugnisse weder den Knappheitswert landwirtschaftlicher Produkte, noch den Seltenheitswert nicht-fungibler Güter oder den von Altmaterialien besitzen und überdies durch den Leistungszwang der in gleichen Verhältnissen befindlichen Konkurrenzbetriebe ihr Angebot gegenüber der Nachfrage in der Stellung des wirtschaftlich Schwächeren ist, besteht für sie häufig die Notwendigkeit, ihre Absatzorganisation auszu-

bauen. Das kann in vielerlei Hinsichten geschehen. Man wird trachten, an den Käufer sowohl wirtschaftlich als auch räumlich näher heranzutreten, um die Konkurrenten von ihm abzudrängen. Räumlich geschieht das, indem die Vertriebsorganisation (Vertreter, Niederlagen usw.) näher an den Standort des Käufers heranschiebt; wirtschaftlich, indem man die Kreditfunktion zum Beispiel in stärkerem Maße übernimmt oder die Werbung für den Detaillisten besorgt und überhaupt den Dienst am Kunden ausbaut.

Es darf bei diesen Maßnahmen nicht übersehen werden, daß auch sie die Entstehungsursache neuer Fixkosten sind und, daß durch den größeren Kapitalbedarf die Rentabilitätsverhältnisse verändert werden. Doch sind sie jedenfalls Alternativen, die, wie jede andere auch, auf ihre wirtschaftlichen Auswirkungen, geprüft zu werden verdienen.

Nehmen wir aus Gründen theoretischer Klarheit an, der Unternehmer wäre in der Lage, die Entwicklung der Wirtschaft so abzusehen, daß er in seine vergleichenden Vorausberechnungen die richtigen Ziffern einzusetzen vermag.

Für erkannte Strukturveränderungen mit ungünstiger Auswirkung gibt es folgende Möglichkeiten richtigen Handelns: Stillegung des ganzen Betriebes oder eines Teiles desselben, meist mit nachfolgender Liquidation der Anlagen, — oder die Betriebsumstellung.

Die Liquidation kann auf zwei Arten durchgeführt werden, als Volliquidation oder als Abbauliquidation[24]).

Die Abbauliquidation ist eine bewußte Liquidation über den Warenverkauf. Sie wird der Volliquidation vorgezogen, wenn durch ihre Verwendung ein besserer Liquidationserfolg erzielt werden kann, wobei die Liquidationserlöse selbstverständlich alle durch diesen Abbaubetrieb neu entstehenden Kosten tragen müssen. Neben den proportionalen Kosten sind das vor allem jene fixen Kosten, welche neuerlich aufgewandt werden müssen, um die Betriebsbereitschaft der abzubauenden Anlagen nicht zu früh zu unterbrechen.

Sind die Abschreibungsquoten, welche man nach Abzug dieser Kosten hereinbringt, größer als die entsprechenden Quoten des Volliquidationswertes, dann ist es auf diese Weise gelungen, einen größeren Vermögenswert erfolgreich zu liquidieren als bei Abverkauf.

Gegen diese beiden Möglichkeiten ist schließlich die weitere einer Umstellung oder Rationalisierung abzuwägen. Oberparleiter[25]) macht hiezu folgende Ausführungen:

„Für die Vergleichsrechnung, in welcher der Erfolg des

---

[24]) Schmidt, a. a. O., S. 130.
[25]) Oberparleiter, a. a. O.

rationalisierten oder umgestellten Betriebes dem des bestehenden gegenübergestellt wird, muß der zukünftige Betrieb nicht Abschreibungen vom Anschaffungswerte oder irgendwelchen Zeitwerten tragen können, sondern bloß von deren (nun wörtlich) „durch Kapitalisierung zum normalen Rentabilitätszinsfuße zu ermittelnden Ertragswert unter Berücksichtigung der restlichen Lebensdauer. Stellt sich der Ertragswert auf 0, so kann auch kein bei Errechnung der künftigen Selbstkosten und der zu erwartenden Rentabilität zu erfassender Verlust entstehen. Der Unternehmer hätte in diesem Falle nur zwischen Ertragslosigkeit und dem von der Rationalisierung erwarteten Zukunftsertrag zu wählen.

Liegen die Verhältnisse aber derart, daß die Rationalisierung nicht erst die Ertragsfähigkeit des Betriebes auslösen, sondern nur steigern soll, dann muß den künftigen Selbstkosten die Verlustquote aus dem Abbau der alten Anlagen zugerechnet werden (der kapitalisierte Ertrag als Basis oder der Veräußerungswert, wenn dieser höher sein sollte), denn der Unternehmer wird sich für die Rationalisierungsinvestition nur entscheiden, wenn die Zukunftsrentabilität selbst unter Abschreibung des Rationalisierungsverlustes gegenüber der Vergangenheitsrentabilität einen Mehrertrag verspricht."

Die Belastung der neuen Betriebsform mit bloß jenen Umstellungs- oder Rationalisierungskosten, welche vom kapitalisierten Ertragswert des alten Betriebes abgeleitet sind, berichtigt den Erfolg des neuen Betriebes im richtigen Maße und senkt die Wirtschaftlichkeitsgrenze einer solchen Maßnahme auf jene Höhe, die den tatsächlichen Verhältnissen Rechnung trägt.

Diese Wirtschaftlichkeitsgrenze wird häufiger als eine an Vergangenheitswerten haftende, vor der Stillstandsgrenze erreicht werden, welche ja an und für sich sehr tief liegt.

Erst in jenen Fällen, in welchen der Umstellungserfolg noch immer schlechter ist als der auf die Dauer zu erwartende Erfolg bei Erhaltung eines optimalen Ausmaßes von Betriebsbereitschaft, werden Stillstandskosten für zeitweilige Stilllegungen wirtschaftlich gerechtfertigt sein.

3. Die dritte Möglichkeit ist die der Konzentration. Jenes Monopol, welches bisher durch die wirtschaftliche Leistung in technischer und kaufmännischer Hinsicht nicht in dem Maße geschaffen werden konnte, das eine Existenzgrundlage für den Betrieb hätte abgeben können, soll nun durch die geschlossene Marktbeherrschung erreicht werden.

Man darf dabei nicht von vorneherein jede wirtschaftliche Konzentration und insbesondere die Kartelle als die gesamtwirtschaftlich schlechteste Lösung ansehen, welche nur dem Eigennutze zu dienen vermag und dem Leistungsgedanken am wenigsten, denn auch der Kostenverzicht ohne Möglichkeit eines interperiodischen Ausgleichs wird schädlich sein; und sollten die Kosten die Preise bestimmen, werden sich diese ohne Kartelle nicht durchsetzen lassen.

Wohl können die Kartelle ihre Marktbeherrschung zu einem ungerechtfertigten Hochschrauben der Preise mißbrauchen, wenn die staatliche Wirtschaftsführung dies nicht abzustellen vermag; wohl kann der Fortschritt, wenn er ihren Interessen zuwiderläuft, durch sie gehemmt werden, wenn die Wirtschaftsführung es nicht versteht, ihm wieder freie Bahn zu schaffen, und doch glauben wir, daß die Konzentrationen in der freien Wirtschaft der einzig gangbare Weg sind, mit den Kostenproblemen fixkostenintensiver Betriebe fertig zu werden.

In einer organisierten Wirtschaft bedürfen selbstverständlich auch nicht alle Wirtschaftszweige einer regelnden Bindung. Doch würden jene Wirtschaftszweige, welche eine Verstetigung ihrer Verhältnisse bereits in der freien Wirtschaft anstreben mußten, auch in einer organisierten Wirtschaft mit Vorteil einer gewissen Bindung unterworfen werden, die zugleich daraufhin geprüft und überwacht werden könnte, ob begleitende Nachteile nicht unnötig überhand nehmen.

III. Die Stillstandskosten als Faktor der Preiskalkulation

1. Allgemeines.

Wir haben uns im Rahmen unserer Arbeit mit den Kriterien einer optimalen Preiskalkulation nicht zu beschäftigen und betrachten daher die Preiskalkulation nur insoweit, als Stillstandskosten in ihren Rechnungen berücksichtigt werden müssen.

Es erscheint uns richtig, gleich anfangs klar zu legen, welche wirtschaftliche Bedeutung wir diesen Rechnungen beimessen. Unser Standpunkt hiefür ist von zwei Beweggründen bestimmt. Erstens dem, daß jene Preiskalkulationen, in denen Stillstandskosten berücksichtigt werden, durch die bloß geschätzte Bezugsdauer derselben ungenau sein werden, und zweitens dem, daß die effektive Preisuntergrenze, zu deren Festlegung die Stillstandskosten dienen, bei ihrer Erreichung einen so schlechten Wirtschaftserfolg zeitigt, daß sie als jene Preishöhe aufgefaßt werden muß, welche nie unterschritten werden darf, aber auch nie erreicht werden sollte. Damit, daß eine äußerste Preisuntergrenze errechnet worden ist, soll der Widerstand gegen jedes Absinken der Preise nicht geschwächt werden. Der Wert einer effektiven Preisuntergrenze, d. h. einer solchen, welche für die Gesamtheit aller Preise einer Produktion Geltung hat, wird heute noch sehr durch die Unzulänglichkeit der Unterlagen in Frage gestellt. Bis jetzt hat sich die Technik noch zu wenig mit dem Einfluß des Stillstandes, in Vergleich zu dem des Betriebes, auf den Verlauf der Anlagenwertminderung beschäftigt, sodaß diese Zahlen in der Praxis große Ungenauigkeit in die Rechnung tragen.

Da das wirtschaftlich begründete Moment der Ungenauigkeit nie wird ausgeschaltet werden können, weil die Voraussicht für zukünftige Entwicklungen selbst in der organisiertesten Wirtschaft keine vollkommene sein kann, ist es für den Wert von Stillstandskostenrechnungen umso wichtiger, daß alle übrigen Rechnungselemente stimmen.

Nichtsdestoweniger verdient das Problem der Stillstandskosten die Beachtung von Wissenschaft und Praxis. Erstens deshalb, weil kein Wirtschaftssystem eine solche Verstetigung sichern kann, daß Diskrepanzen, die zu Stillständen führen können vollkommen ausgeschlossen sind und zweitens, weil aus der Vergangenheit noch so große Überkapazitäten bestehen, daß allein für sie das Bemühen um eine bessere Einsicht gerechtfertigt erscheint.

2. Die Behandlung des Stillstandskostenproblems in der Wirtschaftstheorie.

Als erster dürfte Clark die Stillstandskosten als bestimmend für die Preisuntergrenze angesehen haben[26]). Er sagt: „If it is good economy to operate a business without any return on investment, because the return would be lost just the same if the business shut down, is it not also good economy to operate at less than no return on investment, if the deficit is no greater than the operating expenses that would go on even if the business suspended operation?"

In der deutschsprachigen Literatur ist unseres Wissens Carl Ernst Schulz[27]) der erste, welcher sich mit den Stillstandskosten im Zusammenhang mit seiner Untersuchung der Preisuntergrenzen eingehender befaßte.

Schulz ging davon aus, daß er den proportionalen Satz als Preisuntergrenze ablehnte. Auf die richtige Preisunter-

---

[26]) Zu dieser Annahme sind wir berechtigt, wenn dieser Gedanke, welchen Clark in der 3. Auflage seines Buches: Studies In The Economics Of Overhead Costs, Chicago 1929, vgl. S. 20, mehrmals entwickelt, auch bereits in dessen 1. Auflage (1923), die von Schulz zitiert wird, enthalten war.

[27]) Schulz, Das Problem der Preisuntergrenze, Berlin 1928, Sonderdruck aus Band I, der Annalen der Betriebswirtschaft.

grenze komme man, wenn man die Frage stelle: „Welches ist der kritische Preis, unterhalb dessen der Weiterbetrieb mehr Verluste verursacht, als der Stillstand des Betriebes?"

„Wenn der Unternehmer durch den Ertrag seine wirklich entstehenden Kosten (die Durchschnittskosten) nicht deckt, erleidet er Verluste; bei gänzlichem Stillstand des Betriebes erleidet er natürlich erst recht Verluste. Die Preisuntergrenze ist derjenige Preis, bei dessen Unterschreitung die Verluste durch Betriebsfortführung größer werden, als die Verluste (hier = Kosten) durch den Betriebsstillstand.

Während Schulz nun die Kosten, welche auch bei Stillstand des Betriebes verursacht werden, bloß kurz durchbespricht, um von dem Rechnungsfaktor „Stillstandskosten" eine gewisse Vorstellung zu vermitteln, werden wir unser Hauptaugenmerk diesen Stillstandskosten und ihrer Ermittlung zuwenden und daher ihre Verwendung für die Errechnung der Preisuntergrenzen, bezw. der Stillegungsdauer zuerst betrachten.

A. Die effektive Preisuntergrenze.

Lehmann und mit ihm Schulz drücken die Kosten einer Leistungseinheit durch folgende Durchschnittskostengleichung aus:

$$k = p + \frac{F}{x}$$

Zur Errechnung der Preisuntergrenze ist der Betrag F um die bei Stillstand entstehenden Kosten St zu vermindern. Daraus ergibt sich folgende Gleichung:

$$K = p + \frac{F - St\ (\text{je Monat}).}{x}$$

Selbstverständlich kann statt Monaten auch irgend eine andere Bezugsdauer gelten.

K ist jene Kostenhöhe, welche im Preise mindestens gedeckt werden muß. Bei einer geringeren Deckung wären die Verluste aus dem Stillstande kleiner.

Außer den Stillstandskosten, welche aus jenen fixen Kosten bestehen, die auch bei Stillstand nicht abbaubar sind, entstehen dem Betrieb bei Wiederinbetriebnahme der Anlagen noch weitere Kosten aus den Anlagen selbst und der anfangs geringeren Arbeitsleistung, welche Schulz unter dem Begriff „Anlaufkosten" zusammenfaßt.

Diese erreichen nach einer gewissen Zeit — innerhalb welcher der Betrieb zu vollkommenen Stillstand gekommen ist und sich dann in einem Zustand der Bereitschaftsentspannung befindet — eine bestimmte Höhe, die = a sei. (Schulz ist hier der Fehler unterlaufen a als jene Größe zu bezeichnen, welche die Wiederanlaufkosten nach einem Monat insgesamt erreichen, bezeichnet aber trotzdem die gesamten Wiederanlaufkosten nach m Monaten mit $A = a + a' . m$

In der folgenden Zeit, in welcher sich die Fähigkeit des Betriebes zur Betriebsbereitschaft zurückgeführt zu werden, bei weitem nicht mehr in dem Maße verringert wie in der Entspannungszeit, seien die dadurch später entstehenden Kosten je Monat gleich a', welche Größe im ersten Monate nach unserer Meinung neben a entsteht.

Die Formel der gesamten Wiederanlaufkosten ist:

$$A = a + a' . m.$$

Wenn die fixen Kosten, die bei Stillstand nicht abzubauen sind, im Monat gleich st sind, bezw. in m Monaten gleich st . m, ergibt sich für die gesamten Stillstandskosten folgende Formel:

$$St = st . m + (a + a' . m)$$

An dieser Stelle sei daran erinnert, daß die Größe von st auch davon abhängig ist, wie weit man ihr Kostencharakter zuerkennt. Die Größe st ist nicht durch die fixen Kosten der Vollbeschäftigung bestimmbar, sondern von jener nicht abbaufähigen Fixkostenmenge abzuleiten, welche aus einer optimalen Betriebsgröße sich ergibt, die man aufrecht zu erhalten gewillt ist.

Bis zur Stillstandskostengröße St darf der Verlust V anwachsen, der bei einem Verkaufspreise von π entsteht.

Sobald V größer ist als St ist es wirtschaftlicher den Betrieb stillzulegen.

$$V = m (p . x + F - \pi . x)$$

Der Schnittpunkt der Verlustlinie V mit der Stillstandskostenlinie St im Punkte Z zeigt in einem Koordinatensystem dessen Abszisse in Zeiteinheiten (z. B. Monate) und dessen Ordinate in Kosteneinheiten eingeteilt ist, im Abstande des Punktes Z von der Ordinate jene Zeit m an, nach welcher die Verluste die Stillstandskosten übersteigen (Siehe Abb. 1.)

Wenn vor Ablauf von m Monaten die Preise steigen würden und damit die Verlustlinie einen flacheren Verlauf nähme, wäre es wirtschaftlicher, den Betrieb mit Verlust durchzuhalten. Ist innerhalb der Bezugsdauer m keine solche Besserung zu erwarten, dann sind die Stillstandskosten der geringste unvermeidbare Verlust.

Schulz entwickelt nun seine Formel der Preisuntergrenze weiter. Die Stillstandskosten, auf einen Monat Stillstandszeit bezogen, sind:

$$\frac{St}{m} = st + \left(\frac{a}{m} + a'\right)$$

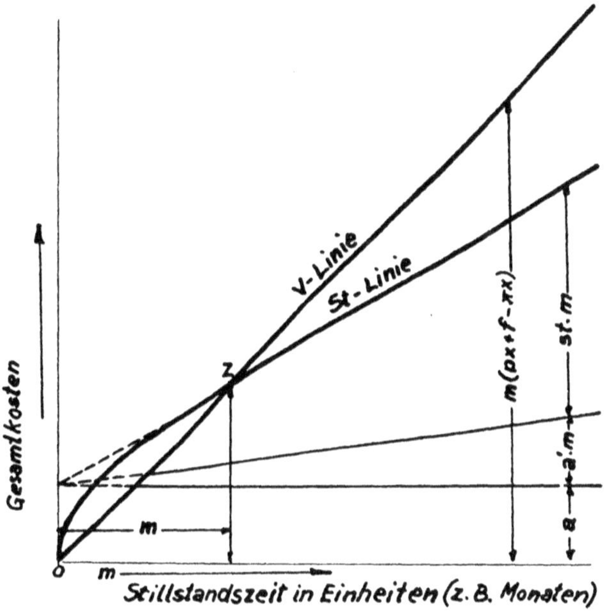

Abb. 1

Dieser Ausdruck gibt, in die ursprüngliche Formel eingesetzt, folgende neue Formel der Preisuntergrenze:

$$K = p + \frac{F - \frac{St}{m'}}{x} = p + \frac{F - st - \frac{a}{m} - a'}{x}$$

Der Kostenwert für die Bezugsdauer m ist dabei durch die Kostenhöhe des Punktes Z bestimmt.

Aus der Formel können wir folgende Abhängigkeiten ihrer Faktoren entnehmen. Die Stillstandskosten sind sowohl abhängig von der Dauer des Stillstandes als auch vom Beschäftigungsgrade, welcher sich beim Preise π ergibt (der Beschäftigungsgrad ausgedrückt durch x). Je geringer der Beschäftigungsgrad, desto höher muß die Preisuntergrenze liegen.

Mellerowicz[28]) stellt dies in einem Beispiel dar, in welchem der Einfachheit halber die Stillstandskosten und die erzielbaren Preise — dem Demonstrationszwecke dienend — willkürlich angenommen sind.

---

[28]) Mellerowicz, a. a. O., S. 36. Wir haben Mellerowicz' Bezeichnungen mit jenen Schulz' übereingestimmt.

Siehe das folgende Zahlenbeispiel: K = Preisuntergrenze, GK = Gesamtkosten, St + A = Stillstandskosten + Wiederanlaufkosten.

Leistungseinheiten x	St+A	Kosten der Betriebsführung feste	Kosten der Betriebsführung veränderliche	Gesamt-Kosten GK	Einheitskosten EK	K	erzielbarer Preis π	Erlös E	+ Gewinn − Verlust
500	5000	2900	10.000	17.900	35.8	25.8	35.8	17.900	± 0
400	5000	2800	8.000	15.800	39.5	27.—	33.—	13.200	— 2600
300	5000	2700	6.000	13.700	45.7	29.—	29.—	8.700	— 5000
200	5000	2600	4.000	11.600	58.—	33.—	27.5	5.500	— 6100
100	5000	2500	2.000	9.500	95.—	45.—	26.—	2.600	— 6900

Die Preisentwicklung ist stark übertrieben dargestellt und nimmt trotz gleichzeitiger Umsatzverminderung einen Verlauf, wie er nur in Industrien denkbar wäre, die stärksten Absatz- und Preisschwankungen unterworfen sind. Die Verhältnisse in der Radioindustrie dürften am stärksten eine solche Entwicklung nehmen. Die Preisuntergrenzen, welche für jede Beschäftigungsstufe verschieden sind, wurden aus der vereinfachten Formel

$$K = p + \frac{F - (St + A)}{x}$$

errechnet, das sind z. B. für einen Beschäftigungsgrad von 100:

$$\frac{9500 - 5000}{100} = 45.$$

Mellerowicz weist dann darauf hin, daß die Preisuntergrenze als Stillstandsgrenze praktisch nur bei niedriger Beschäftigung und bei tiefliegenden Preisen Bedeutung erlangen kann, und zwar dann, wenn der erzielbare Preis π für die Gesamtproduktion von x Einheiten auf die effektive Preisuntergrenze K sinkt.

„Das Produktionsminimum (Bm), das zum Grenzpreis abgesetzt werden kann, stellt das Betriebsminimum, also die Mindestbeschäftigung vor Betriebsstillegung dar[29]). Im vorliegenden Beispiel wird es erreicht, bei einem Preis von 29.— und einem Beschäftigungsgrad von 300 Leistungseinheiten. Im Betriebsminimum ist der Betriebsverlust (5000) gleich den fixen Kosten der Betriebsbereitschaft plus Anlaufkosten, und der erzielbare Preis ist gleich der Preisuntergrenze."

Das Produktionsminimum und Betriebsminimum Bm ist gleich der Leistungsmenge x in Schulz' Formel.

$$p \,.\, x + F - \pi \,.\, x = St = V$$

[29]) Mellerowicz, a. a. O., II. Teil, S. 37. Wir verwenden im Folgenden der Klarheit halber an Stelle Mellerowicz' Schulz' Bezeichnungen.

„Während die Preisuntergrenze vor allem vom Beschäftigungsgrad abhängt — je niedriger der Beschäftigungsgrad desto höher der Grenzpreis, und umgekehrt — ist für die Bestimmung des Betriebsminimums der erzielte Erlös (in Schulz' Ausdrucksweise $\pi . x$) entscheidend."

Im Falle der Ermittlung der Preisuntergrenze sind die Preise und ihre bezüglichen Beschäftigungsgrade die unabhängig Variablen. Ihr Ergebnis ist eine Preisuntergrenze, wie sie für gegebene Verhältnisse der Wirklichkeit errechnet wird.

Verändern wir zum Zwecke wissenschaftlicher Betrachtung willkürlich eine oder beide unabhängig Variablen, dann sehen wir, daß je höher ihr Produkt ist, welches den Erlös ergibt, umso niedriger der bezügliche Beschäftigungsgrad sein kann.

Das heißt mit anderen Worten: Je größer die Einzelerlöse sind desto größer dürften auch die Einheitskosten sein, welche sich aus der Kostenprogression ungünstiger Beschäftigungsgrade ergeben.

Darauf weist auch Nicklisch hin[30]:

„Jene Zone, die von der gerade vollen Deckung des Aufwands bis zur äußersten Ausnützung der vollen Leistungsfähigkeit reicht, sei die Marktzone dieser letzteren genannt. Sie hat schmale vorgelagerte Zonen, in denen wohl der übrige Aufwand, aber nicht die Nutzung des Unternehmerkapitals und nicht der Unternehmerlohn gedeckt sind. Das sind aber schon Übergänge zu der darunterliegenden großen Notzone, die bis zu der Grenze reicht, an der vernünftigerweise nur noch die Möglichkeit besteht, den Betrieb stillzulegen.

Wenn die Preisuntergrenze im Verhältnis zu der gegebenen Leistungsfähigkeit bestimmt werden soll, wird als einer ihrer Faktoren die Höhe der im Markt erzielbaren Preise sichtbar. Je höher diese, desto geringer die Ausnützung der Leistungsfähigkeit, die zur Deckung nötig ist."

In unserem Beispiel würde dies folgendes bedeuten: Wenn 200 Leistungseinheiten zu einem Preise von 33.— statt 27.5 abgesetzt werden könnten, wäre dieser höhere Ertrag je Einheit groß genug, um das Betriebsminimum, welches für die Preislagen unseres Beispieles bei einem Beschäftigungsgrad von 300 Leistungseinheiten liegt, auf 200 herabzusetzen.

Alle Autoren, welche sich mit dem Problem der Preisuntergrenze und der Stillstandskosten beschäftigt haben, hielten es für angebracht, darauf hinzuweisen, daß die Genauigkeit der Rechnung durch die Unmöglichkeit die nötigen Unterlagen zu erhalten, sehr gemindert wird.

---

30) Nicklisch, Die Betriebswirtschaft, 7. Aufl., Stuttgart 1929/32, Seite 555 ff.

Die theoretischen Erkenntnisse auf diesem Gebiete haben zweifellos großen Wert, doch würden wir es für verfehlt halten, unter den herrschenden Ermittlungsverhältnissen der meisten Faktoren, die praktische Anwendbarkeit der Formeln zu überschätzen. Ihre große Anschaulichkeit rechtfertigt jedoch ihre Verwendung in theoretischen Untersuchungen.

B. Betriebsunterbrechung oder Arbeitsstreckung.

Die Stillstandskosten sind ein Faktor einer anderen betrieblichen Vergleichsrechnung, welche dadurch an Genauigkeit gewinnt, daß sie mehr auf einen Vergleich der Selbstkosten beschränkt ist und nur die Bezugsdauer ein Schätzungsfaktor ist.

Bei dieser Kostenvergleichsrechnung handelt es sich darum, festzustellen, welche Einteilung der Betriebszeiten, bei Unterbeschäftigung gegebener Anlagen, die wirtschaftlichste und kostensparendste Erzeugung einer bestimmten Leistungsmenge ermöglicht. Für jeden Industriezweig gibt es eine bestimmte normale Betriebszeit, welche für alle Betriebe die Kalkulationsbasis abgibt. Ausnahmen dürften kaum bestehen. Hochöfen und Walzwerke, Kohlengruben, chemische Fabriken mit durchlaufenden Prozessen und ähnliche Betriebe arbeiten mit Schichtenarbeit, meist eingeteilt in drei Schichten zu 8 Stunden. Ihnen ist die Nachtarbeit gestattet, Webereien z. B. dagegen nicht. Dieser Unterschied zwischen Betrieben mit verschiedenartiger Produktionsleistung wirkt sich selbstverständlich auf die Kostenverhältnisse innerhalb derselben Gruppe nicht aus.

Für jeden Betriebszweig gibt es eine normale Betriebszeit für Vollbeschäftigung. Sinkt der Beschäftigungsgrad nun z. B. auf 75% dieser Vollbeschäftigung, dann sind grundsätzlich zwei Möglichkeiten der Arbeitszeiteinteilung denkbar. Entweder wird die benötigte Leistungsmenge bei Vollbetrieb erzeugt und dann stillgelegt oder aber die Arbeit wird so gestreckt, daß der Erzeugungsvorgang an den durch neue Aufträge verursachten Anschluß findet. Dazu muß aber die Arbeitsintensität herabgesetzt werden. (Eine Arbeit auf Lager liegt nicht im Bereiche unserer Untersuchung.)

Bei der Herabsetzung der Arbeitsintensität ergeben sich aus der Kostenprogression des sinkenden Beschäftigungsgrades Mehrkosten, welche jenen Zuwachskosten gegenübergestellt werden müssen, die bei Arbeitsunterbrechung für die Wiederingangbringung auflaufen.

Die Faktoren der Anlaufkosten wollen wir später noch eingehend erörtern. Hier sei nur vorweggenommen, daß sie in zwei Hauptgruppen unterschieden werden können. Die, arbeitstechnischer Natur, welche mit dem Sinken der Leistungsfähigkeit der Arbeiter während überlanger Arbeitspausen zusammenhängt, und die rein technischer Natur, welche darin begründet ist, das manche Erzeugungsprozesse einen Bereitschaftszustand der technischen Produktionsfaktoren erfordern, welcher nach einem Ruhezustand erst nach einiger Zeit und mit einem gewissen Kostenaufwand erreicht werden kann. Für die normale Vollarbeitseinteilung des Betriebes kann dieser Bereitschaftszustand meist am besten und wirtschaftlichsten durch die ständige Fortdauer der Leistungsbereitschaft erstellt werden.

Dabei gibt es für kürzere, regelmäßig oder zeitweilig eingeschobene Arbeitspausen, ein Optimum der Bereitschaftserhaltung, d. h. einen Grad der Arbeitsbereitschaft, welcher so weit unter dem für den Betrieb tatsächlich benötigten liegt, daß die Kosten für das Durchhalten und Wieder-auf-Vollbereitschaft-bringen die geringsten sind.

In welchem Verhältnis die Wirtschaftlichkeit der Arbeitsstreckung zu der vorübergehender Stillstände steht, wird abhängen von der Fixkostenintensität und -starrheit des Betriebes.

Der starke Degressionsverlauf der Kosten fixkostenintensiver Betriebe, der sich bei sinkendem Beschäftigungsgrad in eine Kostenprogression umkehrt, wird dann Stillegungen wirtschaftlich werden lassen, wenn durch sie ein Fixkostenabbau möglich wird, welchen ein selbst schwacher Betrieb verhindert. Dieser Fixkostenabbau muß dabei selbstverständlich eine Kostenersparnis bringen, welche die Zuwachskosten des Wiederanlaufens übersteigt.

Abhängig ist die Möglichkeit eines solchen Fixkostenabbaues von der Starrheit der Kostenstruktur.

Extrem starr ist die Fixkostenstruktur solcher Betriebe, deren Erzeugungsvorgang entweder durch die Rationalisierungsmaßnahme der Fließarbeit oder die technische Notwendigkeit der Prozeßfortdauer ein zusammenhängender und fortdauernder sein muß.

Charakteristisch für die Organisationsform solcher Betriebe ist ihr Streben nach Ausnützung der Größendegression, welches durch die technisch notwendige Verbundenheit des Erzeugungsvorganges auch wirtschaftlich meist berechtigt sein wird.

Diesem Organisationsprinzip steht ein anderes gegenüber, welches Betrieben, die starken Beschäftigungsgradschwankungen unterworfen sind, kostenwirtschaftlich große Vorteile bringen kann. Es ist dies das Organisationsprinzip des „Batteriesystemes“[31]). Allerdings ist dies aus technischen und

---

[31]) Schmalenbach, a. a. O., vgl. S. 74.

damit auch wirtschaftlichen Gründen nur in manchen Fällen durchführbar.

Nach dem Batteriesystem wird eine bestimmte Gesamtkapazität nicht durch Verwendung der größten oder stärksten Aggregate erzielt, wenn eine größere Anzahl untereinander gleicher, jedoch im einzelnen schwächerer Aggregate, dieselbe Gesamtleistung mit verhältnismäßig wenig schwächerer Kostendegression erbringen kann.

Daraus könnte sich kein Vorteil ergeben, wenn der Kostenverlauf beider Systeme nur verschieden hoch läge, im übrigen aber ziemlich gleich wäre. Dies ist nun keineswegs der Fall.

Während der Gesamtkostenverlauf fallender Beschäftigung beim vollrationalisierten Betriebe (bei den Gesamtkosten) ein verhältnismäßig wenig sinkender ist und die Einheitskosten daher eine äußerst starke Progression zeigen, wird der Gesamtkostenverlauf des Batteriebetriebes eine stärkere, bei jeder Ausschaltung eines Aggregates girlandenförmig verlaufende Abwärtsentwicklung nehmen, die an irgend einem Punkte die Gesamtkostenkurve des vollrationalisierten Betriebes unterschreiten wird.

Die vorteilhafte Anwendung des Batteriesystemes ist dort gegeben, wo der Nachteil einer schwächeren Kostendegression gegenüber derjenigen eines größendegressiven Betriebes ein geringer ist und bereits bei einem hohen Beschäftigungsgrad, für die Richtung fallender Beschäftigung, die Gesamtkosten des Batteriebetriebes unter jene des vollrationalisierten größendegressiven Betriebes sinken.

Der Batteriebetrieb ist also von vornherein für eine Anpassung an den Beschäftigungsgrad durch zeitweilige teilweise Stillegungen organisiert, bei ihm werden daher auch die Stillstandsverluste in weitestgehendem Maße Kosteneigenschaft besitzen.

Vom volkswirtschaftlichen Standpunkt wäre allerdings die Deckung des minimalen Bedarfsvolumens eines gemeinsamen Marktes durch nicht-vollrationalisierte Betriebe eine Verschwendung, doch bedürfte die Durchsetzung einer solchen Forderung einer organisierten Wirtschaftsordnung als Voraussetzung.

In der freien Wirtschaft zeigt es sich, daß, obgleich die größendegressiven Betriebe allein, oft mehr als den Maximalbedarf des fraglichen Marktes zu decken vermögen, die anpassungsfähigen doch noch neben ihnen bestehen können. Daß dies möglich ist, trotzdem die größendegressiven Betriebe ihren Degressionshunger nicht sättigen können, spricht eigentlich nur gegen die von manchen Theoretikern überschätzte Automatik der Marktvorgänge.

Den Gedankengang der Vergleichsrechnung, welche die Grenze des Vorteiles der Arbeitsstreckung gegenüber Vollbetrieb mit Stillstand ermitteln soll, wollen wir an Hand eines einfachen Beispieles zeigen, das wir der Praxis entnommen haben. (Die verfügbaren Unterlagen gestatteten bloß die Berücksichtigung des Wiederanlaufkostenfaktors a.)

Es soll untersucht werden, bis zu welcher Zeitdauer die Betriebsbereitschaftserhaltung eines Schweißofens eines Stabwalzwerkes noch wirtschaftlich ist. Diese Zeitdauer errechnen wir auf einfache Weise, indem wir die Kosten der gänzlichen Stillegung durch die der Bereitschaftserhaltung für die Zeiteinheit dividieren.

I. Nach Stillegung des Schweißofens beträgt die Wiederanheizdauer 24 Stunden. Es werden daher Lohnkosten für 3 Schichten zu je 8 Stunden auflaufen. Daraus ergeben sich folgende Wiederanlaufkosten:

1. Materialkosten:		
Steinkohlenverbrauch je Schicht 500 kg zu S 7.— je 100 kg, das sind für 3 Schichten 1500 kg		S 105.—
2. Lohnkosten:		
Ein Heizer je Schicht zu rund S 7.50 je Schicht einschließlich der sozialen Lasten, das sind für 3 Schichten . .		„ 22.50
3. Reparaturkosten:		
Für die Auskleidung eines Schweißofens mit feuerfesten Schamotteziegeln, von der Bodenplatte neu zugestellt: erforderlich sind 2 Waggon feuerfestes Material zum Gesamtpreis von S 3000.—	S 3000.—	
Die Arbeitslöhne einschließlich der sozialen Lasten für 36 Maurerschichten zu S 8.— Schichtlohn	„ 288.—	
36 Handlangerschichten, Schichtlohn S 4.80	„ 172.80	
Reparaturkosten insgesamt	**S 3460.80**	
Durch die Stillegung wird erfahrungsgemäß die Lebensdauer der Ofenauskleidung um durchschnittlich ein Achtel gemindert, das sind von S 3460.80 = 432.60		„ 432.60
		S 560.10

Die gesamten Wiederanlaufkosten belaufen sich auf rund S 560.—.

II. Die Kosten der Bereitschaftserhaltung (des Fortheizens) setzen sich folgendermaßen zusammen:

1. Materialverbrauch:	
400 kg Steinkohle je Schicht zu S 7.—	S 28.—
2. Lohnkosten:	
1 Heizer je Schicht zu rund S 7.50 einschließlich der sozialen Lasten	„ 7.50
Bereitschaftskosten je Schicht	**S 35.50**

Die Wirtschaftlichkeitsgrenze der Bereitschaftserhaltung ergibt sich in unserem vereinfachten Beispiel aus den

$$\frac{\text{Wiederanlaufkosten}}{\text{Bereitschaftskosten je Schicht}} = \frac{560\cdot—}{35\cdot50} = 15\cdot77 \text{ oder rund } \mathbf{15^3/_4 \text{ Schichten.}}$$

Bei den unserem Beispiel zugrunde liegenden Preisen erweist sich eine Bereitschaftserhaltung für mehr als 15 Schichten als unwirtschaftlich. Ließe sich also keine Arbeitseinteilung treffen, bei welcher der Schweißofen innerhalb dieser Frist wieder beschäftigt werden könnte, dann wäre er stillzulegen.

Bei Berücksichtigung aller auf das betreffende Aggregat zuzuschlagenden Kosten wäre der Kostenvergleich zwischen Stillstand und Arbeitsstreckung selbstverständlich viel komplizierter.

Ihrer Anschaulichkeit wegen bringen wir eine schematische Darstellung eines solchen Vergleichs von Schulz[32]).

Er erläutert sie folgendermaßen: „Bei kurzen Unterbrechungen entstehen für die Unterbrechungszeit bestimmte fixe Kosten neben den eigentlichen Stillstandskosten.“ Schulz muß dabei solche meinen, welche bei der kurzen Unterbrechung der Arbeitsstreckung nicht, wohl aber bei längeren Stillständen vermieden werden können. „Dieser neuauftretende Fixkostenbestandteil hat jedoch zur Folge, daß sich die Anlaufkosten verringern, er bildet also sozusagen einen in fixe Kosten umgewandelten Teil der Wiederanlaufkosten.“

Einen Fall der Bereitschaftserhaltung und ihrer wirtschaftlichen Dauer haben wir in unserem Beispiel dargestellt. Bei mehrmaligen Bereitschaftsunterbrechungen kürzerer Dauer müßten sich die Bereitschaftskosten nicht notwendigerweise im Verhältnis zu ihrer kürzeren Dauer verringern. Wahrscheinlich ließe sich zu den gleichen Kosten aus der Summe kürzerer Bereitschaftserhaltungen eine längere Gesamtzeit erreichen, als bei einmaliger Fortdauer bis an die Wirtschaftlichkeitsgrenze.

---

32) Schulz, a. a. O., S. 22 ff.

Die Kosten der Arbeitsstreckung stellt Schulz in einer Linie d dar, welche sich aus folgenden Elementen zusammensetzt (siehe Abb. 2):

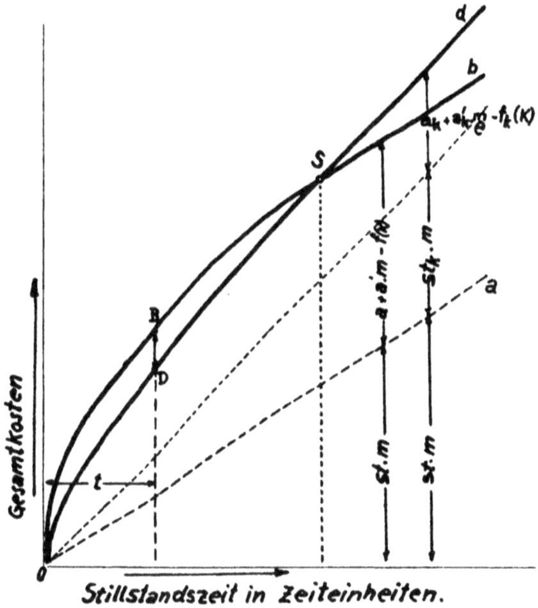

Abb. 2

Den durch die kürzeren Stillstände der Arbeitsstreckung verursachten Stillstandskosten st, den neu auftretenden fixen Kosten der Unterbrechungszeit st_k — das sind die in Fixkosten umgewandelten Kosten der Anlaufbereitschaft (Abstand der Kurve e von a) — und den verminderten Anlaufkosten (Abstand der Kurve e von d).

„Die Kurve b . . . stellt die Kostenlinie für volle Stilllegung dar. Liegt nun die Unterbrechung unterhalb der durch den Schnittpunkt S der b und d Kurve bezeichneten Zeit, so ist es relativ wirtschaftlicher, betriebsbereit zu bleiben und die dadurch entstehenden fixen Kosten aufzuwenden. Das wird deutlicher, wenn man eine bestimmte Stillstandszeit t annimmt, denn hier läßt sich die Ersparnis an Kosten für die Unterbrechungszeit an der Höhe BD ablesen. Für längere Zeiten wird die Betriebsbereitschaft jedoch unwirtschaftlich und dann ist es besser, den Betrieb ganz stillzulegen, als für große Unterbrechungszeiten die fixen Bereitschaftskosten entstehen zu lassen. Dieser Fall tritt ein, sobald sich die Kurve d über die Kurve b erhebt.“

Da besonders bei kurzen Betriebsunterbrechungen zum Zwecke der Arbeitsstreckung die Bereitschaftserhaltungskosten dadurch vermindert werden, daß in ihnen jene Leistungsenergie, welche am Ende der Betriebszeit im Aggregate vorhanden ist (z. B. seine Temperatur) ohne besondere Kostenverursachung an der Bereitschaftserhaltung mitwirkt, bringt Schulz sie durch den Faktor $f_{(K)}$ in Abzug. Dieser Faktor $f_{(K)}$ ist eine von a nach 0 konvergierende Größe, deren Verlauf dem Verlust an Bereitschaftsenergie entspricht. Nach vollständiger Entspannung ist sie daher immer gleich 0.

In einem stark vereinfachten Beispiel zeigt Mellerowicz den wirtschaftlichen Erfolg der optimalen Betriebszeiteinteilung[33]).

„. . . der Betrieb war bisher mit 300 Leistungseinheiten (LE) monatlicher Produktion gut beschäftigt. Er arbeitete mit festen Kosten in der Höhe von 800.—, die beweglichen Kosten waren 300 . 2 = 600.—. Er erlöste bisher bei einem Preis von 5.— 1500.— und hatte einen Gewinn von 100.—. Geht nun die Erzeugung auf 100 LE bei einer Preissenkung auf 4.50 zurück, dann würde er einen Verlust von 550.— erleiden (800 + 200 — — 450). Durch Betriebsmaßnahmen soll es gelingen, die festen Kosten um 100 zu senken; der Verlust beträgt dann nur noch 450. Die Frage ist nun, ob es nicht wirtschaftlicher wäre, die Quartalsproduktion von 300 auf ein Vierteljahr so zu verteilen, daß nur einen Monat im Quartal gearbeitet wird, während der Betrieb in der übrigen Zeit stilliegt; oder ob der eingeschränkte Betrieb im nächsten Vierteljahr nur 100 LE monatlich erzeugen soll, dafür aber die ganze Zeit hindurch läuft.

Die Stillstandskosten wurden mit 500 monatlich ermittelt. Dann ergibt sich folgende Rechnung:

1. Das Werk arbeitet einen Monat voll, die übrige Zeit wird es stillgelegt.

1. Monat: Betriebskosten:	feste Kosten . . .	800
	veränderliche Kosten . . .	600
		1400
2. und 3. Monat: Stillstandskosten		1000
		2400

Eine LE kostet demnach 2400 : 300 = 8.

2. Das Werk ist die ganzen drei Monate bei eingeschränkter Produktion in Betrieb.

feste Kosten	3 . 700 =	2100
veränderliche Kosten . . .	3 . 200 =	600
		2700

Eine LE kostet demnach: 2700 : 300 = 9.

---

33) Mellerowicz, a. a. O., S. 38 ff.

Durch zeitweilige Stillegung lassen sich also 300 feste Kosten einsparen.“

IV. Das Wesen der Stillstandskosten

1. Allgemeines.

Wir haben bereits geraume Zeit mit dem Begriff „Stillstandskosten“ operiert, ohne ihn genauer zu definieren. Wir konnten uns mit dem Aufschluß, den der Ausdruck selbst über sein Wesen gibt, begnügen, weil wir die Stillstandskosten bisher bloß als ein Kostengesamt betrachteten oder wenn wir dieses auflösten hierzu algebraische Größen verwendeten, in welche bestimmte Größen erst einzusetzen sind.

Für die Ermittlung solcher bestimmter Größen ist es aber notwendig, tiefer in das Wesen der Stillstandskosten einzudringen.

Sicher sind Stillstandskosten solche fixe Kosten, welche bei Stillstand des Betriebes weiterlaufen. Weiters gehören zu den Stillstandskosten jene Kosten, welche erst durch Stilllegungen entstehen können (Wiederanlaufkosten).

Jedoch sind nicht alle Wertverzehre, die während des Stillstands vor sich gehen Kosten, wie wir bereits im Abschnitt über die Kosteneigenschaft von Stillstandsverlusten dargelegt haben. Eine Abgrenzung des Stillstandskostenbegriffes gegen den neutralen Aufwand erscheint daher an dieser Stelle überflüssig.

Notwendig erscheint es uns dagegen, jene Ursachen aufzuhellen, welche das Beharrungsvermögen der Stillstandskosten begründen.

2. Die Remanenz der Kosten.

A. Kriterien und Faktoren der Kostenremanenz.

Die terminologische Unterscheidung der Kosten nach ihrem Verhalten zum Beschäftigungsgrad, kennt proportionale, fixe und disproportionale Kosten, und als eine besondere Art der fixen Kosten die Sprungkosten.

Im Hinblick auf ihre Fähigkeit, zu Stillstandskosten zu werden, interessieren uns nur die fixen Kosten und in diesem Zusammenhange auch die Sprungkosten.

Als Kriterium der fixen Kosten gilt, daß sie vom Beschäftigungsgrad unbeeinflußt sind. Dies trifft jedoch in sehr verschieden weiten Grenzen zu. Es gibt fixe Kosten, die mit dem

Beschäftigungsgrad tatsächlich in keinem Zusammenhang stehen (z. B. die Pension eines Angestellten) und solche, welche in weiteren und engeren Stufen sich der Beschäftigungsentwicklung anpassen lassen.

Die übliche Betrachtung der Kostenentwicklung ist die für steigenden Beschäftigungsgrad. So sagt Schmalenbach[34]):

„Betrachtet man die Kosten in ihrer gesamten Entwicklung, vom Produktionsquantum 0 bis zur Erreichung der höchstmöglichen Kapazität, so erscheinen diese Sprungkosten keineswegs als fix, sondern sie haben wenigstens bis zu einem gewissen Grad proportionalen Charakter. Betrachtet man aber die Produktionsentwicklung innerhalb enger Grenzen, so erscheinen derartige Sprungkosten als Kosten fixer Natur."

Diese Kenntnis des Wesens der Sprungkosten ist jedoch unzulänglich oder zumindest einseitig. Es werden durch diese Beschreibung solche fixe Kosten keineswegs ausgeschlossen, welche sich zwar einer Ausweitung des Produktionsumfangs sprunghaft anpassen, jedoch bei umgekehrter Beschäftigungsentwicklung ihrem Abbau ein großes Beharrungsvermögen entgegensetzen oder überhaupt gegen die Abwärtsrichtung vollkommen starr sind. Da die absolut fixen Kosten auf ihr Verhalten zur Stillegung leichter und richtiger erkannt werden können, wollen wir hauptsächlich den einseitig sprunghaften Kosten unser Augenmerk zuwenden.

Brasch[35]) versteht unter „Remanenz" der Kosten das bloß einseitige Anpassungsvermögen von Kosten in der Richtung des steigenden Beschäftigungsgrades. „Während bei dem Aufstiege zu stärkerer Beschäftigung die Unkosten vielleicht zögernd und vorsichtig nach oben gehen, zeigen sie — einmal auf einer gewissen Höhe angelangt — eine bemerkenswerte Zähigkeit gegen einen schnellen Abbau. Dafür gibt es ungezählte Gründe psychologischer und betrieblicher Natur."

Noch eingehendere Ausführungen zu dieser Erscheinung des Kostenverhaltens macht Clark[36]).

„Some writers define constant costs as those costs which would go on even if the business stopped running. For some purposes this represents an important fact, but it does not have very much to do with the residual cost (or constant cost) which would appear if one calculated the added expense of taking on lo per cent. additional business when the plant is

---

[34]) Schmalenbach, a. a. O., S. 36.

[35]) Brasch, zitiert von Peiser, Der Einfluß des Beschäftigungsgrades auf die industrielle Kostenentwicklung, Berlin 1929, S. 36.

[36]) Clark, a. a. O., S. 53.

running at its average rate. What we really have to deal with here is a minimum cost rather than a constant cost, although „shutdown cost" would be even more descriptive. This minimum is itself somewhat indefinite, because the question how much expense ist worth while to incur in tiding over a shutdown depends entirely on how long the winter of discontent is likely to be and how warm a summer may be expected afterward. If the manager is confident of a quick and complete resumption, he may keep his foremen and his best laborers on the pay-roll, while if there are no very definite prospects of improvement he will merely try to keep the plant from serious deterioration with as little expense as possible."

„. . . . Sunk Costs".

This term suggests the fact that some costs may be elastic upward but not downward. Having once grown, they are not free to shrink again. This has nothing to do with the question whether they vary, in the direction in which they are free to vary, by a smaller or larger percentage than business varies. These „sunk costs" are primarily the costs on account of the permanent and specialized plant, and they mean that increases of cost due to increases of output beyond the capacity of existing plant, and decreases of cost due to decrease of output to less than the capacity of the plant, are governed by different laws. They also mean that even in the very long run there are some costs that cannot be escaped by going out of business. These might be called „abandonment costs" to distinguish them from „shutdown" costs where the shutdown is temporary."

In seinen vorstehenden Ausführungen gelangte auch Clark dazu, die Erscheinung der Kostenremanenz mit einem eigenen Ausdruck „Sunk Costs" zu bezeichnen. Darüber hinaus kommt er jedoch noch zu einer tiefergehenden Unterscheidung derselben, je nach ihrer Verursachung.

Den remanenten Kosten Brasch's entsprechen in den Ausführungen Clark's die Sunk Costs und im engeren Sinne die „abandonment costs", welch letzterer Ausdruck mit Aufgabekosten zu übersetzen wäre. Es soll damit zum Ausdruck gebracht werden, daß selbst bei vollkommener Aufgabe des Betriebes, also auch bei endgültigem Stillstand, diese Kosten nicht abgebaut werden können.

Solche Kosten, welche, da der Stillstand ja nur als vorübergehend gedacht ist, zum Zwecke der Bereitschaftserhaltung eingegangen werden, unterscheidet Clark von abandonment costs als shutdown costs, welche also alle jene Kosten umfassen, die aus wirtschaftlichen Erwägungen in Anbetracht der späteren Betriebsaufnahme unvermeidbar sind. Wir wollen den Ausdruck Stillstandskosten in einem weiteren Sinn verwenden, sodaß er sowohl die abandonment costs als auch die shutdown costs in sich begreift. Dementsprechend unterscheiden wir Kosten technischer, rechtlicher und wirtschaftlicher Remanenz.

Die Remanenz der Kosten ist eine Eigenschaft, deren wirtschaftliche Auswirkung von zwei Faktoren abhängt: ihrem wertmäßigen Wirkungsgrad und ihrer Dauer.

Es ist offenbar, daß zum Beispiel die Remanenz der Wertminderung von Anlagewerten die Millionen ausmachen, einen Leistungszwang und Kapitalverlust bis zum Bankerott zur Folge haben kann, während die irgend eines leer stehenden Arbeiterhauses für den gleichen Betrieb nicht ins Gewicht fällt.

Der zweite Faktor kann je nach der Größe des ersteren, mit welchem er zusammenwirkt, ebenfalls von lebenswichtiger Bedeutung für den Betrieb werden.

Der Anstellungsvertrag eines leitenden Beamten, welcher eine jährliche Gehaltshöhe von 24.000 vorsieht, ist bei gleich starker rechtlicher Bindung, durch die kürzere Dauer seiner Remanenz, von geringerer Wirkung, als der eines Beamten mit einem bloß halb so hohen Gehalt, wenn wir annehmen, daß der erstere Beamte eine einjährige Kündigungsfrist besitzt, die Stillstandsdauer vier Jahre ausmachen würde, der zweite jedoch nur bei Setzung eines Entlassungsgrundes kündbar wäre.

B. Die Kostenremanenz der verschiedenen Kostenarten.

Wir wollen die Kostenremanenz der verschiedenen Kostenarten an Hand einer Gliederung Mellerowicz's prüfen[37]).

a) Kapitalkosten.

„Die Kapitalkosten sind viererlei Art:

1. Zinsen für das investierte Geldkapital,
2. Wertminderung der Kapitalgüter: des Anlage- und des Betriebskapitals,
3. Kapitalrisiko,
4. Steuern.

Kapitalkosten verbindet ein Gemeinsames: Sie alle sind Funktionen der Zeit: Der Zins, die Wertminderung, das Risiko, teilweise auch die Steuern."[38])

---

[37]) Mellerowicz, a. a. O. (I. Teil), S. 33.

[38]) Mellerowicz, a. a. O., S. 44.

Dies macht die Kapitalkosten, je nach ihrer Remanenz mehr oder weniger, auch zu Stillstandskosten für den Fall der Betriebseinstellung. Die Kapitalkosten treten zum Teil, nämlich soweit sie durch das Fremdkapital verursacht werden, zweimal auf: Im Kapitalzins und in der Wertminderung der Kapitalgüter.

Die Zinsen des Eigenkapitals sehen wir als Zusatzkosten an, welche wohl kalkulatorische Berücksichtigung finden sollen, jedoch zu den Stillstandskosten gezählt nur zu einer unberechtigten Senkung der Preisuntergrenze führen würde, welche u. E. nur von solchen Kosten bestimmt werden darf, die zugleich Aufwände sind.

Die Kapitalkosten als Zinsen des Fremdkapitals zeigen nach Stärke und Dauer eine Remanenz, welche sehr von der Lage der Gesamtwirtschaft und des Geldmarktes im besonderen abhängt. In der Krise wird der gesunkene Marktzinsfuß Konvertierungen erleichtern, bei genügender Kapitalkraft kommt auch ein Aufkauf eigener Effekten auf freiem Markte in Frage. Die Kapitalzinsen werden als Stillstandskosten nicht allein von ihrer formalrechtlichen Remanenz bedingt, sondern auch vom immateriellen Werte des Rufes der Unternehmung und der Kreditwürdigkeit.

Die Wertminderung der Kapitalgüter: Die Kapitalgüter erfahren im Betriebe eine Wertminderung, die teils technisch teils wirtschaftlich bedingt ist. Für die Unternehmung wirkt sich jedoch schließlich jede Wertminderung wirtschaftlich aus. Das Verhalten dieser Gesamtwertminderung der Anlagen zum Beschäftigungsgrad ist ein ausgesprochen disproportionales, denn die Gesamtwertminderung setzt sich aus verschiedenen Komponenten zusammen, welche auf eine Beschäftigungsentwicklung in verschiedener Weise reagieren. Um von der Remanenz der Abschreibungen — welche in der Selbstkostenrechnung die tatsächliche Wertminderung der Anlagen zum Ausdruck bringen sollten — ein anschauliches Bild zu gewinnen, ist es nötig, jede der Komponenten auf ihr Verhalten bei Stillegung zu prüfen.

Aus unserer Zusammenstellung (siehe S. 54) ist zu ersehen, daß die Remanenz der Abschreibung durch jene Wertminderungskomponenten begründet ist, welche von Stillständen entweder unbeeinflußt bleiben oder sogar gesteigert werden.

Diese remanenten Komponenten sind sowohl technischer als auch wirtschaftlicher Natur. Der natürliche Verschleiß wird vom Stillstand nicht berührt. Je nach der Größe seines Anteiles an der Gesamtwertminderung wird er die Remanenz der Abschreibungen beeinflussen.

Wertminderung aus:	Ausfall oder Verminderung	Keine Beeinflussung	Neuauftreten oder Steigen
1. Verschleiß d. Gebrauch	fällt aus		
2. Katastrophenverschleiß	sinkt		
3. Natürlicher Verschleiß		unbeeinflußt	
4. Ablauf d. Rechtes, Zwecks		unbeeinflußt	
5. Verschleiß d. Nichtgebrauch			tritt neu auf
6. Technische Überholung			steigt

Ist der Größenunterschied der Komponenten „natürlicher Verschleiß“ und „Verschleiß durch Gebrauch“ ein extremer, wird dies dazu führen, daß man die kleine Komponente, welche dann überdies kaum erfaßbar ist, vernachlässigt.

Diesen Weg geht auch die Praxis meistens, indem sie nach der Zeit nur solche Anlagen abschreibt, bei welchen der Verschleiß durch Gebrauch, gegenüber jenen Wertminderungskomponenten, welche eine Funktion der Zeit sind (z. B. natürlicher Verschleiß, Ablauf des Rechtes oder Zweckes) zurücktritt.

Diejenigen Anlagen, deren Wertminderung vorwiegend von der Beanspruchung abhängig ist, werden aus der Gruppe der abzuschreibenden Anlagen ausgeschieden und als Betriebsmaterialien durch eine Befundrechnung oder Skontration erfaßt.

Dort wo die Wertminderung aus der Beanspruchung durch eine offensichtliche Gebrauchsunfähigkeit erkennbar wird, besteht auch kein steuerliches Hindernis, eine dementsprechende Abschreibung vorzunehmen, also eine „Abschreibung nach Maßgabe der Beanspruchung“, wie Schmalenbach sagt[39]).

Die Wertminderung aus dem Katastrophenverschleiß, welcher teilweise betriebliche Ursachen hat, sinkt mit dem Stillstand. Zum großen Teil stellt der Katastrophenverschleiß jedoch ein versicherbares Risiko dar und scheidet infolgedessen aus der durch die Abschreibung zu erfassenden Wertminderung aus.

Eine besondere Beachtung verdienen jene Komponenten der Wertminderung, welche bei Stillstand neu auftreten oder steigen.

39) Vgl. Schmalenbach, Dynamische Bilanz, S. 134 ff.

Der Verschleiß durch Nichtgebrauch ist abhängig von den technischen Eigenschaften der Anlage und ihrer Behandlung während des Stillstandes. Es gibt Anlagegüter, welche während des Stillstandes gegen die Witterungseinflüsse dadurch empfindlicher werden, daß jener Schutz, welcher sich aus der Verwendung und der hiefür notwendigen Pflege ergibt, nun wegfällt. Maschinen werden also bei Stillstand durch Bedecken mit einer dünnen Fettschichte gegen Feuchtigkeitseinflüsse und durch Zudecken mit Plachen gegen das Eindringen von Staub geschützt werden. Es wird dann kein Verschleiß durch Nichtgebrauch auftreten, sondern gewisse Instandhaltungs- und Reparaturkosten, welche aber in einem günstigen Wirtschaftlichkeitsverhältnis zur verhinderten Wertminderung stehen werden.

Eine besondere Stellung nimmt eine Gruppe von Anlagegütern ein, welche durch den Übergang vom Zustand des Gebrauches in den des Nichtgebrauches Schaden erleiden. Hierher gehören vor allem jene Anlagen, welche bei Betrieb eine extrem hohe Temperatur besitzen müssen, also alle Öfen in Hüttenbetrieben, wie z. B. Hochöfen, Schweißöfen, Blechöfen usw., desgleichen die Öfen in der keramischen und in der keramischen und in der Glasindustrie. Die Wertminderung durch Nichtgebrauch wird in der Stillstandskostenformel unter den Wiederanlaufkosten erfaßt. Diese erreichen in den oben erwähnten Betrieben eine beachtliche Höhe.

Der von Schulz verwendete Faktor a' für mit der Zeit gleichmäßig fortschreitende Steigerung der Anlaufkosten, wird, wie wir bereits oben ausgeführt haben, wirtschaftlicherweise meist in die geringeren Erhaltungskosten umgewandelt, welche dann das st der allgemeinen Stillstandskosten vergrößern. Nach ihrem Verhalten wäre jedoch die Komponente der technischen Überholung geeignet, in a' eingesetzt zu werden, weil diese Komponente mit der Fortdauer des Stillstandes anwächst.

In Betrieben, deren Anlagen stark der Gefahr einer Entwertung durch technische Überholung ausgesetzt sind, darf diese Komponente nicht vernachlässigt werden, sondern man muß sich klar darüber sein, in welchem Ausmaße sie die Stillstandskosten beeinflußt und damit die Preisuntergrenze selbst.

Wenn z. B. bei Anschaffung einer Maschine mit einer maximalen wirtschaftlichen Verwendbarkeit von 8 Jahren gerechnet wird, — wobei natürlich große Irrtümer unterlaufen können, — müßte sie in dieser Zeit bis auf den Restwert abgeschrieben werden. Selbstverständlich würde der Betrieb trachten, die Maschine in dieser Zeit von 8 Jahren auch technisch vollkommen auszunützen. Wenn wir annehmen, daß dies nicht möglich wäre, weil die Lebensdauer der Maschine normalerweise 12 Jahre betragen würde, so müßte durch eine höhere Abschreibung aus dem Titel der technischen Überholung innerhalb 8 Jahren dieser Gebrauchsrestwert vollkommen abgeschrieben werden. Durch einen zweijährigen Stillstand würde jedoch die Möglichkeit, die Maschine innerhalb jener Zeit, für welche die Mehrabschreibung für technische Überholung berechnet wurde, bestmöglich auszunützen, um diese Stillstandszeit verschlechtert. Die Wertminderungskomponente der technischen Überholung wächst daher im entsprechenden Maße.

Es handelt sich bei Feststellung dieser Wertminderungsbewegungen um die Erfassung so spezieller Vorgänge technischer und wirtschaftlicher Natur, daß gegenwärtig in der Praxis nicht einmal Schätzwerte zu erlangen sind. Solche Schätzwerte würden, um richtig zu sein, ausgezeichnete Branchekenntnisse des Schätzenden in jeder Beziehung erfordern und weiters das Ausbleiben unvorhersehbarer Überraschungen.

Die obigen Ausführungen konnten bloß einige Anregungen geben. Daß wir über eine theoretische Betrachtung dieses Problemkreises nicht hinauskommen konnten, hat seinen Grund darin, daß die Praxis bei den Abschreibungen einen Buchhalterstandpunkt einnimmt, was ihr in vielen Fällen jedoch gar nicht übel genommen werden darf, wenn man sich vor Augen hält, wie sehr die steuerliche Gesetzgebung und die Methoden der Steuerbehörden eine Berücksichtigung der Wirtschaftsdynamik in der Erfolgsrechnung unmöglich machen, mit deren Abschreibungsziffern, allerdings fälschlicherweise, meist kalkuliert wird und weiters, wie wenig Sinn auch die Ingenieure für die wirtschaftliche Notwendigkeit einer genaueren Kenntnis der Anlagenwertminderung aufbringen.

Die Wertminderung gesunkener Marktwerte der Anlagen ist Gegenstand einer rein wirtschaftlichen Schätzung. Der Marktwert der Anlagen wird von ihrer Ertragsfähigkeit stark abhängig sein. Während er also bei sinkendem Beschäftigungsgrad und Stillständen einem gewissen Preisdruck unterliegen wird, ist es ohne weiteres denkbar, daß er bei aufsteigender Konjunktur wieder wächst.

Diese Wertschwankungen, zu welchen auch noch die aus Geldwertänderungen begründeten treten können, werden aber am besten gesondert von der eigentlichen Abschreibung auf einem Vermögenswertänderungskonto erfaßt.

Das Kapitalrisiko:

Das Kapitalrisiko wird von Mellerowicz als Kostenfaktor angeführt. Ein solcher ist es bloß zu jenem Teil, der durch

Versicherung tatsächlich in Kosten umgewandelt worden ist. In seinem übrigen Bereich, welcher noch ziemlich weit über jenen des nichtversicherbaren immanenten Restrisikos der Unternehmung hinausreichen wird, ist es eine Erfolgsmöglichkeit, deren eventuelle Verluste durch den Totalgewinn der Unternehmung bedeckt werden müßten. Wenn für diesen Zweck Rückstellungen gemacht werden, so betrifft das unsere Untersuchung weiter nicht. Die Prämien der versicherbaren Risiken stellen dagegen Fixkosten dar, deren Remanenz über die des Versicherungsvertrages hinausgeht, da sie von der wirtschaftlichen Notwendigkeit der Risikoabwälzung bestimmt wird.

Steuern: Die Remanenz der Steuern ist das Ergebnis dreier Faktoren: Der Steuergesetze, jenes wirtschaftlichen Erfolges, welchen die Unternehmung aufweist, und der Handhabung der Steuergesetze durch die Behörde. Die Remanenz der Steuern (Mindeststeuern: Körperschafts- und Erwerbsteuer) wird in verschiedenen Fällen ganz verschieden schwer schätzbar sein, jedenfalls nicht ohne genaue Kenntnis der jeweiligen Sachlage.

b) Arbeitskosten.

Die Arbeitskosten sind ein wichtiger Kostenfaktor auch unter den Stillstandskosten. In diesen sind sie Bereitschaftskosten. Ihre Remanenz besteht nicht bloß im Ausmaße jener Fixkostenbindung, welche Gesetze und Kollektivverträge oder Einzelverträge auferlegen, sondern in dem Maße, als eine Erhaltung der Betriebsbereitschaft notwendig und optimal erscheint. Der Grad ihrer Remanenz hängt rechtlich ab von der Größe der Lohnforderung und ihrer Dauer, den Kündigungsfristen, sowie den gesetzlich vorgesehenen oder sonstwie rechtlich durchsetzbaren Forderungen auf Urlaubsgelder, Abfertigungen, Personalversicherung usw.

Wirtschaftlich wird die Remanenz der Arbeitskosten abhängig sein vom Verhältnis der qualifizierten Arbeiter zu den ungelernten, und von den Arbeitsverhältnissen.

Die Remanenz der Gehälter wird im Verhältnis zu der der Löhne nach Dauer und Stärke eine größere sein. Es ist vor allem zu bedenken, daß gerade bei schlechter Wirtschaftslage der Verwaltungsapparat nur in geringerem Maße als der Betriebsapparat abbaubar sein wird, weil die Bemühungen, Aufträge zu annehmbaren Bedingungen zu erhalten, eine verstärkte kommerzielle Tätigkeit notwendig machen werden. Allerdings kann eine starke Zersplitterung der Aufträge auch im technischen Betriebe viel Mehrarbeit verursachen und dadurch den Personalbedarf steigern.

Zu den Arbeitskosten ist auch der Unternehmerlohn zu zählen. Der Unternehmer hat das Recht, ihn in der Vollkostenrechnung unterzubringen. Bei der Errechnung der effektiven Preisuntergrenze wird er jedoch den Unternehmerlohn nicht zu den Stillstandskosten zählen, denn als Zusatzkostenfaktor stellt er nur preiskalkulatorisch Kosten, nicht aber einen tatsächlichen Aufwand dar, also einen Kapitalverzehr auch im Falle des Stillstandes.

Die Einstellung des Unternehmerlohnes in die Stillstandskosten würde zu einer weiteren Senkung der Preisuntergrenze führen, was zur Folge hätte, das die Verluste aus dem Betrieb die wirklichen Stillstandskosten, wie wir sie oben entwickelt haben, übersteigen würden.

c) Materialkosten.

Die Materialkosten zeigen eine Kostenremanenz nur durch die Lagerhaltungskosten des eisernen Bestandes, welcher für die Aufrechterhaltung einer bestimmten Betriebsbereitschaft notwendig wird. Der Begriff des eisernen Bestandes ist jedoch insoferne ein elastischer, als er sich mit dem Grad der Betriebsbereitschaft für die zu erwartenden Beschäftigungsanforderungen verändert.

Die Verhältnisse können hierbei selbstverständlich sehr verschieden liegen, je nachdem der Betrieb ein einziges Erzeugnis herstellt, in welchem Falle der eiserne Materialbestand in weit stärkerem Maße mit den Beschäftigungsverhältnissen schwanken wird, oder ob die Leistungsfähigkeit des Betriebes gerade in seiner Vielseitigkeit liegt, welche selbstverständlich in großem Maße auch von der Vollständigkeit seiner eisernen Bestände abhängt. Jedenfalls zeigen Materialbestände vorwiegend eine wirtschaftliche Remanenz, eine technische Remanenz besteht nur dann, wenn die Lagerbestände einem Schwund oder einer Qualitätsverschlechterung unterliegen.

d) Die Kosten der Fremdleistungen.

Die Kosten dieser Gruppe sind nur zum geringen Teil fix. Aus veränderlichen werden sie nur dann in fixe Kosten umgewandelt, wenn der Leistungsbetrieb aus dem Wunsche der Abnehmersicherung für pauschalierte Leistungen oder Einwilligung in eine bestimmte Mindestabnahme einen Preisnachlaß gewährt, der ausgenützt zu werden verspricht. Von den Kosten dieser Gruppe verdienen im Hinblick auf die Stärke und Dauer ihrer Remanenz folgende aufgezählt zu werden: Miet- und sonstige Gebäudekosten, Werbekosten, soweit sie nicht in eigener Regie auflaufen, Patent- und Lizenzgebühren und fixe (pauschalierte) Anwalts-, Revisions- und Wirtschaftsberatungskosten.

3. Die Anlaufkosten.

Die Anlaufkosten unterscheiden wir in solche technischer und arbeitstechnischer Verursachung.

A. Technisch bedingte Anlaufkosten.

Technische Anlaufkosten ergeben sich daraus, daß manche der sachlichen Produktionsfaktoren nach Stillständen aus einem Zustand der Bereitschaftsentspannung erst wieder in den voller Leistungsbereitschaft gebracht werden müssen. Da wir auf diese Erscheinung in früheren Zusammenhängen bereits eingehen mußten, wollen wir uns an dieser Stelle nicht wiederholen.

Es erscheint uns jedoch am Platze, darauf hinzuweisen, daß jener Teil der Anlagenwertminderung, der durch die Anlaufkostengröße a wieder gut gemacht wird (Überholungs- oder Reparaturkosten) nicht gleichzeitig auch im Faktor st als Komponente der Abschreibung vorkommen darf. Die Abschreibung der Stillstandskostenrechnung ist eben in ihre verschiedenen Komponenten aufgelöst, die in der Kostengleichung an verschiedenen Stellen auftreten, dies jedoch nicht doppelt dürfen.

B. Arbeitstechnisch bedingte Anlaufkosten.

Die Anlaufkosten arbeitstechnischer Verursachung beruhen auf den Schwankungen der menschlichen Leistungsfähigkeit.

Durch die Verwendung der Leistungslöhne verliert dieses Moment in jenen Erzeugungsbereichen, in denen solche einführbar sind, wohl an Bedeutung, doch wirkt sich die Leistungsschwankung noch immer insoweit aus, als bei geringerer Leistungsfähigkeit der Arbeiter, jene Anlagen, welche von ihnen verwendet werden, eine schlechtere Ausnützung erfahren.

Die Anlagenkosten können sogar dadurch steigen, daß durch unrichtige Behandlung Schäden entstehen, welche entweder eine höhere Abschreibung oder vermehrte Instandhaltungskosten nach sich ziehen.

Diese Tatsache wurde von Rowan in seinem Prämienlohnsystem berücksichtigt. Er hat das Prämienoptimum für den Normalbetrieb in jene Zone verlegt, welche durch eine gute Leistung des Durchschnittsarbeiters erreicht werden kann. Darüber hinaus hemmt er jedoch sein Interesse an einer Leistungssteigerung durch eine fortschreitende Verkleinerung der zusätzlichen Prämienquoten. Die Arbeiter werden also zu keiner Ueberanstrengung angespornt.

Nach Stillständen jedoch ist der Betrieb arbeitstechnisch kein Normalbetrieb. Je nach der Stillstandsdauer zeigt sich ein verschieden starker Leistungsabfall. Es ist zu bedenken, daß nach langen Stillständen die Arbeiter ihre Geschicklichkeit zum Teil eingebüßt haben, daß sie durch die überstandene Notzeit wahrscheinlich auch körperlich geschwächt sind und weiters, daß oft der alte Stock qualifizierter eingearbeiteter Leute nicht mehr zur Gänze vorhanden ist, welcher dem Betrieb vor der Stillegung zur Verfügung stand. Die Arbeitslosen waren zur Suche nach neuer Arbeit gezwungen und umso mehr werden von ihnen abgewandert sein, je länger der Stillstand gedauert hat. Welche Möglichkeiten sie haben, anderwärts unterzukommen, hängt davon ab, ob sie gelernte oder ungelernte Arbeiter sind und welche Arbeitsmarktverhältnisse für sie geltend sind.

In Industriegebieten bindet häufig der Betrieb seine Arbeiter dadurch fester an sich, daß er ihnen Wohnungen zur Verfügung stellt, um deren Mietwert der Lohn verringert wird. Für Stillstände bedeutet diese Maßnahme eine Vergrößerung der remanenten Kosten, weil die Gepflogenheit besteht, Arbeiter, welche wegen Beschäftigungsmangel abgebaut werden, ohne Mietzinszahlung in ihren Wohnungen zu belassen, nicht zuletzt vielleicht aus dem Grunde, weil andere Mieter überhaupt nicht gefunden werden könnten. Überdies stehen diese geringen Mehrkosten an Abschreibungen in einem günstigen Verhältnis zu den Anlaufkosten, welche sich andernfalls durch ein Abbröckeln des Arbeiterstockes ergeben könnten.

Schließlich sollte sich der Unternehmer in dieser Frage nicht allein von rein kostenrechnerischen Erwägungen leiten lassen. Er trägt eine Verpflichtung gegenüber seinen Angestellten und Arbeitern und auch gegenüber der Gesamtwirtschaft, welche er nicht vernachlässigen darf, solange sie seine eigenen Kräfte nicht übersteigt.

Die Abwälzung von Arbeitsbereitschaftskosten auf die Arbeitslosenfürsorge ist wohl sehr bequem, uns erscheint dies jedoch nicht nur als ein Angriff auf die Gesundheit der Volkswirtschaft, sondern es wäre auch eine Schädigung der eigenen Interessen, in die Vergleichsrechnung — Arbeitsstreckung oder Vollbetrieb mit Stillständen — die Arbeitslosenfürsorge als neutralen Aufwand einzustellen, dessen Bezahlung man dem Staate überläßt, weil die Einzelwirtschaft als Teil im Wirtschaftsganzen eingegliedert, wahrscheinlich ihre Fehler am eigenen Leibe zu spüren bekommt.

V. Zur Verfahrensweise der Stillstandskosten-Ermittlung

Unsere Arbeit ist bloß ein Beitrag zu den Erkenntnissen von Clark, Schulz und Mellerowicz, welche Autoren die Stillstandskosten als eine Rechnungsgröße in ihren preispolitischen Untersuchungen verwendeten und damit das Stillstandskostenproblem aufgerollt haben.

Dadurch, daß wir uns im Anschluß an ihre Darlegungen die Aufhellung des Wesens der fixen Kosten und ihres Verhaltens bei Stillegungen zur Aufgabe gemacht haben, wurde für uns die Methode der Stillstandskostenermittlung zu einem wesentlichen Punkte unserer Arbeit, an welchen wir erst nach Darlegung unserer Meinung über das Wesen der fixen Kosten und der Stillstandskosten im besonderen, herantreten durften.

Dem Kalkulator stehen Stillstandskostenziffern vom Normalbetriebe nur ganz vereinzelt zur Verfügung. Selbst wenn wir annehmen, daß es sich um einen Betrieb handle, welcher starken Beschäftigungsschwankungen ständig unterworfen ist und für sehr tiefe Beschäftigungsgrade genaue Kostenaufzeichnungen besitzt, scheint es uns unmöglich, z. B. mit Hilfe der Mathematik durch Extrapolation, von den bekannten Kostenkurven auf den Schnittpunkt der Kostenlinie mit der Ordinate für den Beschäftigungsgrad 0 zu schließen.

Wenn man noch gelten lassen kann, daß innerhalb enger Zonen die Kostenkurven einer mathematischen Darstellung fähig sind und, daß dies auch für den Verlauf jeder einzelnen Kostenstufe möglich sei, so ist dies doch keinesfalls für den Stillstand zutreffend.

Denn selbst wenn wir uns einen Betrieb vorstellen, dessen gesamter Kostenverlauf für alle Beschäftigungsgrade durch eine fixe Kostengröße und rein proportionale Kosten bestimmt sei, ist es, wie unsere Ausführungen über die Wertminderungskomponenten gezeigt haben, doch unzweifelhaft, daß der Stillstand eine eigene Kostenstufe darstellt, deren Kosten zu jenen bekannter Beschäftigungsstufen in einem ziemlich unbekannten Abhängigkeitsverhältnis stehen.

Die Verfahrensweise der Stillstandskostenermittlung kann also nur zum Teil die Unterlagen bekannter Beschäftigungsgrade als Grundlage nehmen, zum anderen Teil muß sie trachten, durch spezielle Untersuchungen — soweit sie sich aus dem Betrieb ergeben — neue Erfahrungen zu sammeln, um diese für den Stillstandsfall durch Schätzwerte zu berichtigen und zu ergänzen.

Bis zu einem gewissen Grad werden die rein kostenmengenmäßigen Stillstandsziffern dem Betriebsleiter erfahrungsgemäß bekannt sein. Alle anderen Größen der Vergleichsrechnungen, die über Stillegung entscheiden, sind Schätzwerte. Selbstverständlich wird man auch für sie trachten, Anhaltspunkte zu gewinnen und, wenn diese Zahlen auch mangelhaft sein mögen, wenigstens die Zusammenhänge zu erkennen.

1. Die Ermittlung der betrieblichen Stillstandskostenfaktoren.

Die Stillstandskostenmengen sind technisch und arbeitstechnisch bedingt. Sie werden jedoch erst durch die Schätzungsfaktoren der zukünftigen Kostenpreise und der Bezugsdauer in Wert gesetzt.

Während die Ermittlung mancher Faktoren, z. B. des Kapitalzinses und auch noch der Gehälter, kostenmengenmäßig einfach ist und erst durch die Möglichkeit von Geldwertschwankungen kostenpreismäßig eine Komplikation erfährt, ist die Feststellung derjenigen Faktoren — auch nur der Kostenmengen —, welche sich aus der Anlagenwertminderung ergeben, äußerst schwierig.

Es darf nicht vergessen werden, daß alle Ermittlungsmaßnahmen nach dem Prinzip des Wirtschaftlichkeitsverhältnisses von Aufwand zu Erfolg vorgenommen werden müssen und daher bereits der Wert einer beträchtlichen Mehrarbeit in Frage gestellt wird, wenn ihre Resultate zu keiner Erfolgsverbesserung führen, die diesen Aufwand rechtfertigt.

Daher sind besondere Experimente zum Zwecke der Stillstandskostenermittlung überhaupt ausgeschlossen, wenngleich manchmal nur durch sie genaue Ziffern zu erlangen wären.

Doch müßte man, um z. B. zu ermitteln, in welchem Maße die Lager eines Schwungrades bei Normalbetrieb und normaler Instandhaltung ausgerieben werden, das Schwungrad demontieren, um die Messung vornehmen zu können. Die hohen Kosten dieser Arbeit würden jedoch den Wert der genauen Kenntnis weit übersteigen.

Die Ermittlung von Stillstandskosten muß auf die aus dem Betrieb sich ergebenden Möglichkeiten — z. B. durch Beschäftigungsmangel oder technische Gebrechen erzwungene Stillstände — beschränkt bleiben, weil es selbstverständlich ein Unsinn wäre, den Betrieb eigens für diesen Zweck stillzulegen.

In vielen Einzelfällen wird die reiche Erfahrung der Praktiker — Ingenieure und Werkmeister — die Wertminderung aus dem Verschleiß durch Gebrauch ziemlich genau zu schätzen vermögen, doch werden solche richtige Teilkenntnisse über die Zeit und die Betriebe verstreut sein.

Es bleiben daher für die Ermittlung der Stillstandskosten nur folgende Möglichkeiten:

1. Der Zeitvergleich mit den Ziffern früherer Stillstände. Der Wert solcher historischer Angaben kann ein sehr geringer sein, wenn sie bloß in ihrer Gesamtgröße erfaßt wurden und nicht in ihre Komponenten aufgelöst werden konnten, weil die

wertmäßige Zusammensetzung des Stillstandskostengesamts zu einem späteren Zeitpunkte eine sehr verschiedene sein kann, jedoch ohne Kenntnis der Kostenmengen nicht errechenbar ist. Denken wir z. B. an eine Verschiebung der Kostenpreise von Anlagen gegenüber jenen der Löhne und beider gegenüber jenen der Reparaturmaterialien.

2. Der Betriebsvergleich, welcher die Erfahrungen gleichartiger Betriebe miteinander vergleicht, auf ihre Richtigkeit prüft und sie gegenseitig ergänzt. Dem Betriebsvergleich stehen meist die Hindernisse des Betriebsgeheimnisses, des gegenseitigen Mißtrauens und der Rivalität gegenüber. Sie mögen für Stillstandskostenziffern in manchen Fällen nicht so hoch sein, dann nämlich, wenn diese keine Schlüsse auf solche Kosten für Betriebe zulassen, welche ein besonderes Betriebsgeheimnis sind. Könnten jedoch durch den Vergleich sogar wichtige Regiefaktoren verraten werden, dann wird man sich hüten, seine Erfahrungen zur Verfügung zu stellen.

Die besten Möglichkeiten für Betriebsvergleiche bestehen jedenfalls in den wirtschaftlichen Konzentrationsformen gleichartiger Betriebe, deren Bindung stark genug ist, um die Bekanntgabe aller Daten durchzusetzen.

3. Eine weitere Möglichkeit erscheint uns jedoch am erfolgversprechendsten. Es ist dies die Kostenuntersuchung durch Fachleute, welche aus der Anstellung von Zeitvergleichen und Betriebsvergleichen in den vielen Betrieben, in welche sie Einblick haben, reiche Erfahrungen sammeln können. Die Stillstandskostenschätzung wäre selbstverständlich bloß eine ihrer Aufgaben, ihre Haupttätigkeit bestände in der Wirtschaftsberatung und -prüfung, und im Besonderen z. B. in der Schätzung von Anlagenwerten für Bilanzierungs-, Fusions-, Liquidations- und Versicherungszwecke.

Eine notwendige Voraussetzung wäre natürlich eine Berufsmoral dieses Wirtschaftsberaterstandes, welche jeden Zweifel über die Wahrung des Berufsgeheimnisses ausschließt.

Daß auch ein solcher Spezialberuf des Wirtschaftsberaters sich durchsetzen kann und für die Praxis Wert besitzt, beweist die Tatsache, daß es in den Vereinigten Staaten bereits solche „Appraisers“ und „Cost Accountants“ gibt. Allerdings dürften die Voraussetzungen für diesen Beruf nur in Staaten mit einer großen und hochentwickelten Industrie gegeben sein.

Nur bei der besonderen Widmung für diese Tätigkeit, verbunden mit den Kenntnissen des Ingenieurs und des Betriebswirtschafters, halten wir es für möglich, Schätzwerte für Stillstandskosten zu erhalten, die den praktischen Anforderungen an Genauigkeit entsprechen können.

2. Die Schätzwerte des Preises, der Beschäftigungsentwicklung und der Bezugsdauer.

Um für die Faktoren Preis- und Beschäftigungsentwicklung und deren Bezugsdauer zu richtigen Schätzwerten zu gelangen, muß der Betriebswirt in folgenden Punkten klar sehen, sie nicht bloß intuitiv erfühlen, sondern verstandesmäßig erkennen:

1. Wie weit besteht auf den Märkten der Unternehmung freier Wettbewerb, das soll heißen, wie weit besteht Freiheit der Betriebsführung, bei gleichzeitiger Unfähigkeit des einzelnen Betriebes, den Markt in stärkerem Maße als es durch die Betriebsleistung geschieht zu beeinflussen, und inwieweit ist es einer oder mehreren besonders mächtigen Unternehmungen — z. B. Trusts oder in Kartellen zusammengeschlossenen Unternehmungen — gelungen, die Konkurrenz und die Angebotsmengen zu beschränken und damit die Bildung des Marktpreises nach eigenen Interessen zu beeinflussen?

Und weiters, besteht überhaupt noch die freie Wirtschaft, oder herrscht, vielleicht nur zum Teil und nur auf manchen Marktgebieten, eine mehr oder weniger organisierte Wirtschaft?

2. Welche Beziehung besteht zwischen Preis und Nachfrage, bezw. zwischen Nachfrage und den Angebotsmengen?

Die Nachfrage reagiert auf Preisänderungen nach einer meist bestimmten Tendenz, für längere Dauer eigentlich immer mit einer bestimmten Tendenz. Desgleichen reagiert sie auch auf Änderungen der Angebotsmengen.

Stillstände werden meistens dadurch erzwungen, daß mit der Nachfrage die Beschäftigung sehr stark abgesunken ist, während die Preise, schon wegen des Bemühens der Verkäufer, den Nachfragerückgang durch eine Preissenkung zum Stehen zu bringen, ebenfalls unternormal sind.

Wird der Betriebsstillstand erwogen, dann ist zu überlegen, wie weit die Marktlage durch diese eigene Maßnahme beeinflußt werden kann; ob eine Verknappung die Folge sein wird oder ob die Konkurrenten den Angebotsausfall ausfüllen können.

Diese Frage ist noch nicht so dringlich, solange die Unternehmung fortlaufend arbeiten kann und nur die Betriebe — für die Abnehmer oft nicht bemerkbar — zeitweilig stillgelegt werden oder mit Kurzarbeit durchhalten. Dagegen wird sie von größter Bedeutung, wenn der Betrieb nach Unterschreitung der effektiven Preisuntergrenze stillgelegt worden ist. Eine Wiederaufnahme wäre ja nur denkbar, wenn sich ein Faktor des Preis — Beschäftigungsverhältnisses soweit besserte, daß der Betrieb wenigstens wieder über der Preisuntergrenze produzieren kann.

Im vollkommen freien Markte, auf welchem der Degressionshunger der Konkurrenzbetriebe bis zur Sättigung, wenn auch mit abnehmendem Preisdruck, wirksam ist, könnte in der Depression ein solches Verhältnis erst wieder erreicht werden, wenn das Gesamtangebot durch den Ausfall der stillgelegten Betriebe so weit zurückgegangen ist, daß durch die Starrheit der Nachfrage die Preise wieder über die Untergrenze der Grenzbetriebe steigen. Trotz solcher vorübergehender Preisanstiege, die mit dem Stärkerwerden des Angebotes wieder verschwinden, wird das Preis-Beschäftigungsverhältnis mit zunehmender Depression ein immer schlechteres werden. Erst die stärkere Nachfrage der aufsteigenden Konjunktur und das einige Zeit später nachfolgende Steigen der Preise wird den stillgelegten Betrieben wieder Beschäftigung verschaffen.

Je freier die Wirtschaft und die Preisbildung auf den Märkten des Betriebes, desto mehr wird F. Schmidts „Prinzip der Vollbeschäftigung“[40]) Geltung gewinnen.

„Grundsätzlich kann festgestellt werden, daß es immer unvorteilhaft für die Gewinngestaltung sein muß, den Punkt minimaler Kosten zu verlassen, soweit nicht besondere Marktlagen es gestatten, die Preise noch schneller zu steigern als die Kosten.“ Die Erkenntnis, welche aus diesem Satze spricht, behält auch dann Geltung, wenn der Punkt minimaler Kosten nicht freiwillig verlassen wird, sondern aus mangelnder Beschäftigung nicht erreicht werden kann.

Nur Unternehmungen, welche irgend ein Monopol besitzen, das ihnen gestattet, Preis und Angebotsmenge zu manipulieren, können ein optimales Kostenverhältnis auch bei niedrigeren Beschäftigungsgraden finden. Monopol ist hier im weiteren Sinne einer gesicherten vorteilhaften Stellung im Markte zu verstehen. Das Preis-Nachfrageverhältnis ist daher für den Gesamtabsatzmarkt der Unternehmung zu untersuchen. Die Stillegung eines Betriebes kann ja möglicherweise auch keine Angebotsverringerung herbeiführen, sondern sich in einer Beschäftigungssteigerung der Konkurrenzbetriebe auswirken. In diesem Falle verschlechtert der Betrieb durch die Stillegung nur seine Lage.

Anders ist die Situation dagegen, wenn die Nachfrage für ein Erzeugnis eine starre ist und der Angebotsausfall eines stillgelegten Betriebes nicht aufgefüllt werden kann. Es wird sich dann Nachfrage ansammeln und vielleicht die Nutzenschätzung eine höhere werden.

---

[40]) F. Schmidt, a. a. O., S. 121 ff.

Der Betrieb wird dann durch die Stillegung erreichen, daß diese Nachfrage erst dann Befriedigung findet, wenn das daraus sich ergebende Preis-Beschäftigungsverhältnis die Preisuntergrenze um soviel zu überschreiten gestattet, als der Betrieb im Hinblick auf die gegebenen Verhältnisse für optimal hält.

Drei Faktoren bestimmen die Preis- und Beschäftigungsverhältnisse der Produktion:

1. Die Nachfrageelastizität des Erzeugnisses an sich, d. h. ob es ein Gut dringlichen Bedarfes ist oder nicht.

2. Seine Stufenelastizität oder jenes Verhalten der Nachfrage zum Preise, welches für eine bestimmte Preisstufe zu beobachten ist. Und schließlich

3. seine Schichtenelastizität, also jene Nachfrageelastizität, welche das Erzeugnis in einer bestimmten Käuferschichte besitzt.

Je näher der tatsächliche Preis dem Sättigungspreispunkt einer bestimmten Preisstufe kommt, umso starrer wird die Nachfrage und desto geringer die Aussicht einer Beschäftigungssteigerung durch die Stimulanz einer Preissenkung.

Der Konkurrenzkampf der kostendegressiven Industriebetriebe ist daher ein vergeblicher, wenn die Betriebe nach Leistungsfähigkeit und Kapitalkraft einander ungefähr ebenbürtig sind. Daß die Unternehmer oder Betriebswirte das einsehen, wird dadurch bewiesen, daß in diesem Falle die Bereitwilligkeit zum Zusammenschluß besonders groß ist.

Ganz anders liegt jedoch wieder die Sachlage bei starkem Überwiegen der Leistungsfähigkeit, aber mehr noch der Kapitalkraft einzelner Unternehmungen. Diese arbeiten dann unter Ausnützung ihrer größeren Kapitalreserven darauf hin, durch niedrige Kampfpreise die Konkurrenzbetriebe um ihre Beschäftigung zu bringen und ihre Kapitalkraft so sehr zu schwächen, daß sie entweder fusionsbereit werden oder zusammenbrechen.

In Anbetracht aller erwähnten Umstände der Preis-Beschäftigungsentwicklung in der freien Wirtschaft, vor allem: Preisbildung mehr auf Grund der Kapitalmacht als der betrieblichen Leistungsfähigkeit und der Marktherrschaft einzelner Unternehmungen oder Gruppen, ebenfalls auf kapitalistischer Grundlage, erscheint es in Anbetracht des großen Leistungszwanges der fixkostenintensiven Industriebetriebe wohl möglich, daß sie in der Depression durch lange Zeit hindurch nur knapp über der Preisuntergrenze produzieren.

Aber gerade das Streben der Kapitalmächte, einander so rasch wie nur möglich zu schwächen, läßt es unbedingt geboten erscheinen, unter keinen wie immer gearteten Umständen unter der Preisuntergrenze zu produzieren, weil dies nur unnötig rasch die Kapitalkraft der Unternehmung schwächen würde, ohne daß es gelänge, ein besseres Preis-Beschäftigungsverhältnis zu sichern.

Wir fragen uns nun, auf welche Weise konkrete Anhaltspunkte für das richtige betriebs- und preispolitische Verhalten gefunden werden können.

Es sei nur gesagt, daß die Mittel hierzu in den verschiedenen Fällen von sehr ungleichartiger Vollkommenheit sind. Da es jedoch über den Rahmen unserer Arbeit hinausgehen würde, näher auf sie einzugehen, wollen wir uns mit ihrer Aufzählung begnügen:

1. Statistiken (Betriebs-, Verbands- oder amtliche Statistiken), Betriebs- und Zeitvergleich, Marktbeobachtung und Marktanalyse.

2. Von größter Bedeutung für die Erfolge der Preispolitik wird die Möglichkeit sein, die Preise zu differenzieren.

Das Vorhandensein dieser Möglichkeit bedeutet für den Betrieb immer einen preispolitischen Vorteil, denn differenzierte Preise ermöglichen es, Käufer mit höherer Nutzenschätzung mit höheren Preisen zu belasten und tiefere Käuferschichten in den Abnehmerkreis einzubeziehen, welche z. B. nur bei teilweisem Gemeinkostenverzicht mit ihrer Kaufkraft an den Preis heranreichen, ohne daß dadurch das übrige Preisniveau auf diese niedrige Stufe gesenkt würde.

Eine Preisdifferenzierung wird von den Betrieben mit starker Kostendegression besonders angestrebt. „Bei ihnen ist der Wettbewerb in Zeiten schwacher Beschäftigung viel stärker als bei anderen Betrieben. Der Drang, den Konkurrenzkampf in entlegene Gebiete zu tragen, ist bei diesen Betrieben ebenso charakteristisch wie die Neigung zu Preisdifferenzierungen zu gleichem Zwecke."[41])

VI. Schlußwort

Das Ergebnis der vorhergehenden Abschnitte ist die Erkenntnis, daß das eigentliche Stillstandskostenproblem — das der Faktorenermittlung — auch bei Vervollkommnung der wirtschaftlichen Rechnungsmethoden nicht so weit wird gelöst werden können, daß die Stillstandskostenrechnungen mit befriedigender Häufigkeit und Genauigkeit richtige Ergebnisse liefern.

Wie weit die wirtschaftswissenschaftliche Schulung des Unternehmer- und Betriebsführernachwuchses eine Änderung

---

[41]) Schmalenbach, a. a. O., S. 38.

dadurch wird herbeiführen können, daß dieser Nachwuchs an seinem Wissen einen Halt gegen jene Gewinn- und Machtgier besitzt, welche zu einem guten Teil an den Überkapazitäten der Vergangenheit schuldtragend ist, läßt sich vorläufig nicht absehen.

Doch scheint es uns, daß der wissenschaftlich geschulte Wirtschafternachwuchs, auch wenn er Extremen abhold ist, durch die in der freien Wirtschaft unvermeidbaren übergroßen Diskrepanzen zwischen Mitteln und Zielen, im besonderen z. B. durch den Leistungszwang der fixkostenintensiven Betriebe, auf den Weg einer organisierten Wirtschaft gewiesen wird, welche eine Verstetigung in jenen Wirtschaftsbereichen anstrebt, wo die Dynamik des heutigen Wirtschaftslebens den wirtschaftenden Menschen übermannt und ihn zum Objekt eines oft unverständlichen zielwidrigen Geschehens macht.

Wir haben in unseren bisherigen Ausführungen darauf verzichtet, näher auf die Verluste am Kapitale höherer Ordnung einzugehen, welche die Unternehmung durch den Stillstand erleidet. Die immateriellen Werte des „Good Will", der Leistungsfähigkeit des Unternehmers und seiner Mitarbeiter, des ganzen eingespielten Betriebsapparates u. a. m. sind ziffernmäßig nicht zu erfassen, sie können nicht abgeschrieben werden und unter den Stillstandskosten nicht aufscheinen. Und doch unterliegen sie einem ungeheuren Wertverzehr, der, mehr oder weniger bewußt erfaßt oder empfunden, den Leistungszwang noch verschärft.

Im freien Markte und bei dem Unvermögen der vollkommen freien Wirtschaft eine Übersetzung der Produktionskapazitäten zu verhindern, bedeutet das einen Leistungszwang bis zum Bankrott. Dabei ist es in der freien Wirtschaft ohne weiters möglich, daß die größere Kapitalmacht trotz geringerer Leistungsfähigkeit den Sieg über einen Leistungsfähigen davonträgt, weil dieser, entgegen dem einzigen Wirtschaftsprinzip der freien Wirtschaft, dem ökonomischen, zufällig für seinen wirtschaftlicheren Betrieb keine Geldgeber finden konnte.

Es ist ganz offenbar, daß dies ein unwirtschaftlicher Zustand ist, mit dem sich die Wirtschaftsführung nicht abfinden darf.

Einen Ausweg sehen wir nur in einer strafferen Regelung der Wettbewerbsverhältnisse, mit dem Zwecke der Sicherung eines Leistungswettbewerbes in jenen Wirtschaftszweigen, deren Leistungszwang zur Wertvergeudung führen kann, weiters in der gestaffelten Einführung einer obligatorischen Wirtschaftsprüfung und für die Übergangszeit, in der Ergänzung dieser Maßnahmen durch die Einführung obligatorischer Konzentrationen.

Die Menschen haben sich im Glauben, damit ihre Bedürfnisse am besten befriedigen zu können, einen technisch-wirtschaftlichen Apparat geschaffen, der in den letzten Jahrzehnten eine Entwicklung genommen hat, welche mehr und mehr bezweifeln läßt, daß er der Menschheit diene, es scheint viel eher umgekehrt zu sein.

Das alte System der freien Wirtschaft hat versagt.

Vielleicht konnte es seine neuesten Aufgaben deshalb nicht bewältigen, weil es bloß die Moral des ökonomischen Prinzips besaß.

Wirtschaftsethik wird in einer neu organisierten Wirtschaft wohl vorhanden sein müssen, soll es nicht wieder zu einem freien Spiel wirtschaftlicher Kräfte kommen, die ihren eigenen Gesetzmäßigkeiten und nicht den Zielen der wirtschaftenden Menschen folgen.

Literaturverzeichnis

Enzyklopädien:

Handwörterbuch der Arbeitswissenschaft.
Handwörterbuch der Betriebswirtschaft.
Handwörterbuch der Staatswissenschaften.

Betriebswirtschaftliches Schrifttum:

Beste Th., Die optimale Betriebsgröße als betriebswirtschaftliches Problem, Gloeckner, Leipzig 1933.

Bouffier W., Die Verrechnungspreise als Grundlage der Betriebskontrolle und Preisstellung, Spaeth & Linde, 1928.

Bücher K., Das Gesetz der Massenproduktion, Zeitschr. f. d. ges. Staatswissenschaften, Tübingen 1910, 66. Jahrgang.

Clark J. M., Studies In The Economics Of Overhead Costs; The University of Chicago Press, Chicago 1929.

Fleischmann R., Anpassung der fixen Kosten an den Beschäftigungsgrad im Industriebetriebe, Diss. 1933.

Gottl-Ottlilienfeld Fr. v., Wirtschaft und Technik II., Grundriß der Sozialökonomik, J. C. B. Mohr, Tübingen 1923.

Großmann H., Die Abschreibung als Kostenfaktor vom Standpunkt der Unternehmung, Spaeth & Linde, 1925.

Hatheyer E., Reservierungen und Wertberichtigungen; Bilanzen der Unternehmungen, Heymanns Verlag und Österreichischer Wirtschaftsverlag, Berlin und Wien 1933.

Hellauer J., Kalkulation in Handel und Industrie, Spaeth & Linde, 1931.

Lehmann M. R., Allgemeine Betriebswirtschaftslehre, Gloeckner, Leipzig 1928.

— Die industrielle Kalkulation, Spaeth & Linde, 1926.

Leitner F., Die Selbstkostenrechnung industrieller Betriebe, Sauerländer, Berlin 1930.

Lorentz St., Grundlagen der Kostengestaltung, Spaeth & Linde 1932.

Mellerowicz K., Allgemeine Betriebswirtschaftslehre, Göschen, 1932.

— Kosten und Kostenrechnung, I. u. II., de Gruyter, 1933/36.

Müller-Bernhardt, Industrielle Kosten bei schwankendem Beschäftigungsgrad, J. Springer, Berlin 1925.

Nicklisch H., Die Betriebswirtschaft, Poeschel, Stuttgart 1929/32.

— Neue deutsche Wirtschaftsführung, Poeschel, Stuttgart 1933.

Oberparleiter K., Funktionen- und Risikenlehre des Warenhandels, Spaeth & Linde, Berlin—Wien 1930.

— Risiko und Unternehmung: Bilanzen der Unternehmungen.

Oehlinger W., Betriebselastizität, Diss. 1935.

Peiser H., Der Einfluß des Beschäftigungsgrades auf die industrielle Selbstkostenentwicklung, J. Springer, 1929.

Reisch-Kreibig, Mayer-Petrucha, Bilanz und Steuer, Manz 1930.

Schmalenbach E., Dynamische Bilanz, Gloeckner, Leipzig 1933.
— Selbstkostenrechnung und Preispolitik, Gloeckner, Leipzig 1934.
Schmidt F., Die betriebswirtschaftliche Konjunkturlehre, Spaeth & Linde, 1933.
— Die organische Tageswertbilanz, Gloeckner 1929.
— Kalkulation und Preispolitik, Spaeth & Linde, 1930.
Schönpflug F., Das Methodenproblem in der Einzelwirtschaftslehre, Poeschel, Stuttgart 1933.
Schulz C. E., Das Problem der Preisuntergrenze, L. Weiß, 1928.
Taylor E. M., The Principles Of Cost Accounting, Skerry, London, 1933.

Zeitschriftenaufsätze:

Annalen der Betriebswirtschaft, Band I:

Seidel K., Selbstkostenrechnung und Preisgestaltung.

Betriebswirtschaftliche Blätter:

Artaker W., Rationalisierung und Kosten, 3. Heft, 1936, S. 246 ff.

Lorentz St., Das Problem der Anpassung des Beanspruchungsgrades an die Kapazität, 1931.

Österreichische Steuer- und Wirtschaftszeitung:

Mayer L., Das Anlagevermögen als Kostenfaktor, 1928.

Oberparleiter K., Selbstkostenrechnung, Preispolitik und Rationalisierung, 1928.

Zeitschrift für Betriebswirtschaft:

Auler W., Die Kostenkehren in der Optimalkalkulation, 1930.

Bouffier W., Einteilung der vom Werte des Abschreibungsobjektes abhängigen Abschreibungsmethoden, 1928.

Findeisen F., Der Lagerprozeß, 1925.

Hellauer J., Differenzierte Preise, 1930.

Henzel F., Der Beschäftigungsgrad, 1928.

Lorentz St., Die Anpassung der Betriebskapazität an den Grad der voraussichtlichen Beschäftigung, 1930.

8. Sonderheft der Zeitschrift für Betriebswirtschaft, Elastizität der Betriebsführung.

Zeitschrift für handelswissenschaftliche Forschung:

Lehmann M. R., Grundsätzliche Bemerkungen zur Frage der Abhängigkeit der Kosten vom Beschäftigungsgrad, 1926.

Schmalenbach E., Die Betriebswirtschaftslehre an der Schwelle der neuen Wirtschaftsverfassung, 1928.

GPSR Compliance

The European Union's (EU) General Product Safety Regulation (GPSR) is a set of rules that requires consumer products to be safe and our obligations to ensure this.

If you have any concerns about our products, you can contact us on ProductSafety@springernature.com

In case Publisher is established outside the EU, the EU authorized representative is:

Springer Nature Customer Service Center GmbH
Europaplatz 3
69115 Heidelberg, Germany

Batch number: 10844655

Printed by Printforce, the Netherlands